BUNTE
KOSMOS
TASCHEN
FÜHRER

Bunte Kosmos-Taschenführer

Kosmos · Gesellschaft der Naturfreunde
Franckh'sche Verlagshandlung · Stuttgart

Joachim Zech

Bäume und Sträucher

Ein Bestimmungsbuch mit 120 Farbfotos

Wörishofen Juli 83

Kosmos · Gesellschaft der Naturfreunde
Franckh'sche Verlagshandlung · Stuttgart

Umschlag von Edgar Dambacher
unter Verwendung eines Farbfotos von Heinz Schrempp
Das Bild zeigt einen Weißdorn
Mit 120 Farbfotos von Joachim Zech
91 Textzeichnungen aus dem Archiv

Übersetzung:
Bomen en struiken, Zutphen/Holland: Thieme, 1971

Die Tafelbilder sind zu lesen:
links oben, rechts oben, links unten, rechts unten

2. Auflage/16.—27. Tausend
Franckh'sche Verlagshandlung, W. Keller & Co., Stuttgart - 1974

Printed in Italy/Imprimé en Italie - LH 14 be — ISBN 3-440-03768-1
Gesamtherstellung: Artilitho - Trento (Italien)

Sie finden ...

Welcher Baum ist das? . . . . Seite 5
Blattformen und Blütenstände . . . . . . Seite 6
Auffallende Blüten, die vor den Blättern erscheinen . Seite 8-10
Auffallende Blüten, die mit oder nach den Blättern erscheinen . . . . Seite 12-16
Laubhölzer, Strauch oder Baum . . . . . . Seite 18-56
Schlinger und Ranker . . . . Seite 58
Nadelhölzer, Strauch oder Baum . . . . . . Seite 60-66
Verzeichnis der wissenschaftlichen Namen . . . . Seite 68
Verzeichnis der deutschen Namen . . . . . . Seite 69

Welcher Baum ist das?

Immer mehr Menschen suchen Entspannung und Erholung im Wald - nicht nur eifrige Wanderer, sondern auch geruhsame Spaziergänger. Sie alle möchten gerne wissen, wie der Baum, unter dem sie ausruhen, oder der Strauch, der so auffallend blüht, denn heißen. Unser Bunter Kosmos-Taschenführer soll allen Naturfreunden helfen, die Bäume und Sträucher des Waldes kennenzulernen. Die ausgewählten Farbaufnahmen zeigen die Schönheit und Vielfalt der Baum- und Straucharten.

Am Anfang des Buches findet der Leser einige Farbtafeln, die besonders auffallende Blüten von Bäumen und Sträuchern im Frühjahr zeigen; gerade im Frühjahr, wenn sonst noch kaum etwas grünt oder blüht, ziehen ja die Blüten der Bäume und Sträucher die Aufmerksamkeit des Waldwanderers auf sich. Dieselben Arten können im Sommer oder Herbst auch nach ihren Blättern oder Früchten bestimmt werden; sie sind daher im Hauptteil des Buches nochmals aufgeführt und abgebildet.

Zur besseren Bestimmung zeigen die Bilder den größten Teil der Laub- und Nadelhölzer mit den Früchten. Damit der Benützer auch die Pflanzen, die manchmal an den Bäumen oder Sträuchern hochranken oder klettern, bestimmen kann, haben wir von den sogenannten Schlingern und Rankern die vier häufigsten Arten gleichfalls abgebildet und beschrieben.

Vor allem bei den Nadelhölzern wurden der Vollständigkeit halber einige Arten aufgenommen, die hauptsächlich in Parks wachsen, da der Leser auch in Parkanlagen Bäume und Sträucher des Waldes suchen und finden wird.

Die Texte gegenüber den Farbbildern erleichtern die Bestimmung und berichten von wissenswerten Einzelheiten.

Blattformen und Blütenstände

Der Naturfreund, der im Wald oder im Park Bäume und Sträucher bestimmen will, wird einen Zweig zur Hand nehmen und zuerst die Gestalt und die Zusammensetzung der Blätter untersuchen. Bildet das Blatt ein einheitliches Ganzes, ist es nicht in Einzelblättchen (Fiedern) unterteilt, so sprechen wir von einem einfachen Blatt. Wenn mehrere Blättchen am Stiel sitzen, haben wir ein zusammengesetztes Blatt vor uns. Stehen sich die Blättchen am Stiel gegenüber, nennt man diese Blattzusammensetzung paarig gefiedert. Befindet sich außer den einander gegenüberstehenden Blättchen an der Spitze ein weiteres Blättchen, so ist das Blatt unpaarig gefiedert. Setzt sich das Blatt aus mehr als drei Einzelblättchen zusammen, ist es handförmig gefingert. Von einem handförmig gelappten Blatt spricht man dann, wenn das Blatt nicht unterteilt, aber stark eingebuchtet ist. Eine weitere Blattart ist das nadelförmige Blatt.

Blattarten

einfach | zusammengesetzt | paarig gefiedert | unpaarig gefiedert | handförmig gefingert | handförmig gelappt | nadelförmig

Zur näheren Bestimmung stellt man nun fest, ob die Blätter wechselständig (in wechselnder Stellung am Zweig) sitzen, oder ob sie gegenständig (einander gegenüberstehend) angeordnet sind. Haben drei oder mehr Blätter die gleiche Ursprungsstelle am Zweig, so sind sie quirlständig.

gegenständig | wechselständig | quirlständig

Eine weitere Hilfe zur Bestimmung der Baum- und Straucharten: Wir sehen uns die Blattspitzen und den Blattgrund genau an.
Hier unterscheidet man folgende Formen:

Blattspitze

spitz stachelspitzig abgerundet abgestutzt eingeschnitten

Blattgrund

keilförmig abgerundet abgestutzt

Eine entscheidende Rolle bei der Bestimmung der Baum- und Straucharten spielt die Beschaffenheit des Blattrandes.

ganzrandig wellig gewimpert gekerbt gesägt buchtig

Blattzusammensetzung, Blattstellung, Gestalt von Blattrand, Blattspitze und Blattgrund helfen uns, Bäume und Sträucher kennenzulernen. Auch nach den Früchten oder Blüten können wir die Arten unterscheiden. Deshalb bilden wir hier Formen der Blüten- oder Fruchtstände ab.

Kätzchen Ähre Dolde Trugdolde Traube Rispe Köpfchen

Auffallende Blüten, die vor den Blättern erscheinen

Salweide

Salweide, Palmweide *Salix caprea* Weidengewächse *Salicaceae*
Blätter: Wechselständig, länglich bis breitoval, 5-10 cm lang, 3-6 cm breit, mit kurzer, zurückgekrümmter Spitze. Fast ganzrandig oder schwach wellig gekerbt. Jung seidig-glänzend, später kahl. Oberseits dunkelgrün, unterseits blaugrau.
Blüten: « Palmkätzchen », glänzend silberweiß, männliche dickeiförmig. Staubbeutel goldgelb, angenehm nach Honig duftend, weibliche grünlich, zylindrisch. März, April. Vor den Blättern.
Früchte: Kapseln. Lang lanzettlich, graufilzig, in zwei Klappen aufspringend. Samen am Grunde mit weißen Haarbüscheln, sehr klein.
Zweige: Olivbraun bis rotbraun, haarig, ältere kahl glänzendbraun oder graugrün. Rinde später breitrissig, borkig.
Strauch oder Baum. Höhe 2-9 m, mit sparriger Krone, lichtliebend, anspruchslos. An Waldrändern, in lichten Waldungen, an Ufern, auf Wiesen, häufig. Bienenweide.

Haselnuß, Hasel *Corylus avellana* Birkengewächse *Betulaceae*
Blätter: Wechselständig, rundlich bis herzförmig zugespitzt, kurz gestielt, doppelt gesägt. Unterseits stark hervortretendes Adernetz, dieses und Blattstiele drüsig behaart. Oberseits dunkelgrün, unterseits heller.
Blüten: Männliche Kätzchen zu zweit bis viert an Kurztrieben, erscheinen vor den Blättern, goldgelb, hängend, erscheinen schon im Sommer des Vorjahres. Weibliche Blüten zu zweit bis fünft in Hüllen mit roter Narbe, Februar bis April.
Früchte: Nüsse. Braun, am Grunde hell, hartschalig, von grüner, am Rande zerschlitzter Hülle umgeben. Der Nußkern ist wohlschmeckend und ölreich.
Zweige: Grau, drüsig behaart, oft rotborstig. Knospen dick glänzend, kahl, etwas zusammengedrückt, hellbraun, seitlich abstehend. Rinde am Stamm graubraun mit waagerechten, weißlichen Lentizellen, im Alter Neigung zur Rissigkeit.
Strauch, oft baumartig. Höhe 5-15 m. Aufrechter Wuchs. Meidet Sand oder Sumpfboden. In Ebenen und Mittelgebirgen, an Waldrändern.

Aufgabe der Blüten
Alle Blüten haben nur eine Aufgabe: Die Erhaltung der Art. Viele Millionen gelbe Blütenstaub-Körnchen produzieren die männlichen Staubgefäße dieser Salweide (unten rechts), damit ein Teil tatsächlich auf die grünen Narben (unten links) der gleichen Weidenart gelangt, durch den Griffel wandert, und dann im Fruchtknoten der weiblichen Blüte durch Verschmelzung der männlichen Samenzelle mit der weiblichen Eizelle die neue Frucht bildet.
Pflanzenarten, auf denen wie bei den Weiden auf einer Pflanze entweder nur die männlichen oder nur die weiblichen Blütenorgane vorhanden sind, nennt man zweihäusig. Sind auf einer Pflanze (oben rechts) aber sowohl männliche gelbe Kätzchen als auch weibliche Blüten (mit rotem Narbenbüschel) vorhanden, nennt man sie einhäusig.
Die eingeschlechtig männliche Blüte besitzt nur Staubblätter (unten rechts), während die eingeschlechtig weibliche Blüte nur Fruchtblätter (Griffel und Narben, unten links) besitzt.
Bei den Zwitterblüten (Linde, Kirsche) sind beide Blütenorgane in einer Blüte vereint.

Haselnuß

Kornelkirsche

Auffallende Blüten, die vor den Blättern erscheinen

Graupappel *Populus canescens* Weidengewächse *Salicaceae*
Blätter: Wechselständig, in Größe und Form sehr veränderlich, unterseits graufilzig behaart. Unregelmäßig gebuchtet. Blattgrund waagerecht, Blattspitze elliptisch abgerundet.
Blüten: Zweihäusig, männliche in Form von braunen bis braungelben, struppigen Kätzchen, weibliche ähneln denen der Silberpappel, Narben jedoch gespalten, oft rot. März, April.
Früchte: Kapseln und Samen ähneln denen der Silberpappel, fallen bald nach der Reife ab. Unscheinbar gefärbt.
Zweige: In der Jugend hellbraun bis grünbraun, später dunkelbraun bis schwarzbraun. Ältere Äste rissig, Stamm mit tiefgefurchter, dunkler Borke.
Baum. Höhe bis 20 m. Breitästige, lockere Krone, untere Partien zum Teil hängend. Bevorzugt Aueböden. Allee- und Parkbaum.

Spitzahorn *Acer platanoides* Ahorngewächse *Aceraceae*
Blätter: Handförmig, fünf- bis siebenlappig, gegenständig. Lappen beiderseits mit ein oder zwei spitzen Zähnen, rundbuchtig, beiderseits glänzend, grün, kahl, in den Aderwinkeln bärtig.
Blüten: Gelbgrün, in hängenden, zusammengesetzten Trauben. April, Mai, vor oder mit dem Laubausbruch.
Früchte: Nüßchen, kugelig, in waagerecht ausgespreizten Fruchtflügeln.
Zweige: Grün, später braun. Die Rinde bildet an älteren Ästen und am Stamm eine rissige, schwärzliche, nicht abblätternde Borke.
Baum. Höhe 20-25 m. Krone breit, eirundlich. In Wäldern der Ebene oder niedriger Gebirge. In Parks, an Wegen und Straßen.

Kornelkirsche, Gelber Hartriegel, Herlitze, Dirlitze *Cornus mas* Hartriegelgewächse *Cornaceae*
Blätter: Gegenständig, gestielt, ei-elliptisch, lang zugespitzt, ganzrandig, 5-8 cm lang, oben glänzend, beiderseits grün, kurzhaarig.
Blüten: Gelb, in einfachen, kleinen Dolden, seitenständig, vor den Blättern erscheinend, vierzählig, anfangs von vier Hüllblättern umgeben. Februar bis April.
Früchte: Steinfrüchte, groß, oval, kirschrot, hängend, mit großem zweisamigen Kern, eßbar, säuerlich.
Zweige: Aufrecht wachsend, kahl, grün, stielrundlich. Knospen gegenständig lanzettlich, spitz.
Strauch oder kleiner Baum. Höhe bis 8 m. Rundliche, lockere Krone. Liebt humosen, kalkhaltigen Boden. An felsigen, bebuschten Orten, an Waldrändern, in Auwäldern. Heckenpflanze.

Schwarzerle

Schwarzerle, Roterle *Alnus glutinosa* Birkengewächse *Betulaceae*
Blätter: Wechselständig, rundlich, oben meist eingebuchtet, ungleich gesägt bis doppelgezähnt, kahl. Oberseits dunkelgrün, unterseits blaugrün.
Blüten: Männliche und weibliche Blüten auf demselben Trieb. Männliche mit violettbraunen Deckschuppen und gelben Staubbeuteln, weibliche mit roten Narben.
Früchte: Zäpfchen, eiförmig, unreif graugrün und klebrig, reif dunkelbraun und holzig. Samennüßchen glänzend braun, flach.
Zweige: Junge Triebe kahl, klebrig, aromatisch. Rinde schwarzbraun.
Baum. Höhe bis 25 m. Stamm mit waagerechten dünnen Ästen, locker belaubt. Feuchte Wälder, Ufer, Sümpfe. Sommergrün.

Auffallende Blüten, die mit oder nach den Blättern erscheinen

Trauerweide

Trauerweide *Salix babylonica* Weidengewächse *Salicaceae*
Blätter: Wechselständig, lanzettlich, 17,5 cm lang, 2,5 cm breit, am Grunde spitz, scharf gesägt, zugespitzt, anfangs dünn seidenhaarig, später kahl, oberseits dunkelgrün glänzend, unterseits graugrün.
Blüten: Kätzchen dünn, zylindrisch, zwei Staubbeutel, Fruchtknoten kahl, Narben sind auffallend dick, seitwärts gebogen. April, Mai.
Früchte: Klein, bräunlich, unscheinbar.
Zweige: Erst leicht behaart, später kahl werdend, gelbgrün oder braungrün, sehr lang, schlank, überhängend.
Baum. Höhe bis 10 m, mit schlankem, glattem Stamm und breiter, voller, hängender Krone, Äste hängen oft bis auf den Boden.

Schwarzdorn, Schlehe, Schlehdorn *Prunus spinosa* Rosengewächse *Rosaceae*
Blätter: Wechselständig, elliptisch, scharf gesägt, kurz gestielt. Jung eingerollt und flaumhaarig, später kahl. Oberseits glänzend dunkelgrün, unterseits blaßgrün. Mittelrippe behaart.
Blüten: Weiß, erscheinen vor oder mit den Blättern. In vielen kleinen, aufrechten oder leicht abstehenden, am Grunde beblätterten Trauben. Wohlriechend. April, Mai.
Früchte: Steinfrüchte, etwa erbsengroß, kugelig, aufrecht, schwarzblau bereift. Sind erst nach dem Frost genießbar, saftarm, sehr herb.
Zweige: In spitzen Dornen auslaufend, jüngere Zweige filzig behaart, später kahl, Rinde rußig-schwärzlich.
Dornstrauch, Höhe 2-3 m, mit sperriger, stark verzweigter Krone. Häufig auf trockenen, steinigen, kalkhaltigen Böden in sonniger Lage.

Weißbirke, Hängebirke *Betula pendula* Birkengewächse *Betulaceae*
Blätter: Wechselständig, dünn, grob doppelt gesägt, am Grunde ganzrandig, lang zugespitzt, Blattstiel 2-3 cm. Oberseits lebhaft grün, unterseits hellgrün. Jung behaart, klebrig, später kahl, angenehm riechend. 8-13 Seitennerven.
Blüten: Die Kätzchen sind ungestielt walzlich, dick. Männliche braun, schlaff hängend; weibliche grün, aufrecht.
Früchte: Zäpfchen, dickwalzig, braun, zerfallen im Herbst unter Zurücklassen der Spindel. Samennüßchen beiderseits geflügelt.
Zweige: Junge Zweige warzig und rauh, ältere Zweige glatt. Rinde weiß bis bräunlich, früh in schwarzrissige Borke übergehend.
Baum, selten Strauch, Höhe 3-20 m. In Laub- und Nadelwäldern.

Seidelbast

Seidelbast, Kellerhals *Daphne mezereum* Seidelbastgewächse *Thymelaeaceae*
Blätter: Wechselständig, fast büschelig, lanzettlich, am Grunde keilförmig-verschmälert, sitzend, ganzrandig. Oberseits hellgrün, unterseits graugrün, kahl, weich, fiedernervig.
Blüten: Rosenrot, glöckchenförmig, erscheinen vor den Blättern. Seitenständig, sitzend, meist zu dritt in den Blattachseln, eine unterbrochene Ähre bildend, röhrig vierzipfelig. März, April. Wohlriechend.
Früchte: Steinfrüchte, knapp erbsengroß, eiförmig-kugelig, rot, fleischig, saftig. Die Früchte sind stark giftig!
Zweige: Gelblichgrau mit braunen Wärzchen, Rinde runzlig, giftig! Strauch. Höhe bis 1,25 m, spärlich verzweigt, Bevorzugt fruchtbaren, feuchten Boden in halbschattiger Lage. In schattigen Laubwäldern.

Auffallende Blüten, die mit oder nach den Blättern erscheinen

Traubenkirsche

Traubenkirsche, Ahlkirsche *Prunus padus* Rosengewächse *Rosaceae*
Blätter: Wechselständig, verkehrt eiförmig oder elliptisch, zugespitzt, fast kahl, doppelt gesägt, Sägezähne abstehend. Oberseits lebhaft grün, unterseits bläulichgrün.
Blüten: Weiß, in reichblütigen, überhängenden, langen Trauben, eigenartig herb riechend. Hängen am Ende beblätterter Kurztriebe. April, Mai.
Früchte: Steinfrüchte, glänzend, schwarz, bittersüß, mit grubig gefurchten Steinen.
Zweige: Braun bis bräunlichgrau, von besonderem Geruch. Rinde an älteren Ästen und am Stamm schwarzgrau, bildet im Alter flachrissige Borke.
Strauch oder Baum, Höhe bis 10 m. Krone tief ansetzend, dicht belaubt, etwas überhängend. Feuchte Wälder, Gebüsche, Waldränder.

Süßkirsche, Vogelkirsche *Prunus avium* Rosengewächse *Rosaceae*
Blätter: Wechselständig, länglich-verkehrt-eiförmig, zugespitzt, bis 15 cm lang, Blattstiele 1,5-5 cm lang, mit zwei großen roten Drüsen, grob gesägt mit meist ganzrandigen Spitzen, dünn und schlaff. Oberseits dunkelgrün, unterseits heller. Blätter färben sich im Herbst rot.
Blüten: Weiß, langgestielt, zu zweit bis viert in sitzenden Dolden.
Früchte: Kugelig, reichlich erbsengroß, rot bis schwarz, glänzend, herbsüß mit hellem, großem Steinkern. Verwendbar.
Zweige: Hellgrau bis braun, glänzend, glatt, dick. Rinde an älteren Ästen und am Stamm rotgrau, später sich ringförmig ablösend. Baum. Höhe bis 18 m. Dichtästige, hochangesetzte Krone. In Wäldern, Gebüschen, an Waldrändern und Bachufern. Stammart aller kultivierten Süßkirschensorten.

Flieder, Gemeiner Flieder *Syringa vulgaris* Ölbaumgewächse *Oleaceae*
Blätter: Gegenständig, herzförmig mit vorgezogener Spitze, gestielt, ganzrandig, kahl. Oberseits dunkelgrün, unterseits etwas heller grün. Adernetz sehr fein, durchschimmernd. Fiedernervig.
Blüten: Meist lila, in endständigen Rispen, duftend. Mai - Juni.
Früchte: Zweifächrige Kapseln mit geflügeltem Samen.
Zweige: Grün bis braungrün, im Alter längsrissige, dünne, abblätternde Borke. Zweige hängend.
Strauch oder kleiner Baum. Höhe 3-7 m. Viele Stockausschläge am Stamm. In Laubwäldern und Hecken, an Waldrändern.

Besenginster

Besenginster *Cytisus scoparius* Schmetterlingsblütler *Fabaceae*
Blätter: Wechselständig, länglich bis verkehrt-eiförmig, fast sitzend oder dreizählig, gestielt, ganzrandig, weich behaart, kleeförmig, nach der Spitze der Triebe zu oft nur noch einfach.
Blüten: Schmetterlingsblüten, einzeln oder zu zweien, blattwinkelständig, gelb, sehr groß, mit uhrfederartig eingerolltem Griffel. Mai, Juni.
Früchte: Hülsen, flach, zuerst grün, bei der Reife braun bis schwarz, an den Nähten zottig bewimpert. Samen bohnenförmig, klein.
Zweige: Grün, scharfkantig, gefurcht, rutenförmig, Stämmchen bisweilen armdick. Äste straff aufrecht wachsend.
Strauch, Höhe 1-2 m. Meidet nasse und torfige Lagen, liebt sonnige, trockene Standorte. In Wäldern, auf sandigen Heiden.

Auffallende Blüten, die mit oder nach den Blättern erscheinen

Gemeine Robinie

Schwarzer Holunder, Holler *Sambucus nigra* Geißblattgewächse *Caprifoliaceae*
Blätter: Unpaarig gefiedert, gegenständig, drei bis sieben Teilblätter, spitzgesägt, eiförmig zugespitzt, glanzlos. Oberseits dunkelgrün, unterseits heller, Endblatt größer als seitliche Blätter.
Blüten: Gelblichweiß, in aufrechtstehenden, flachen, endständigen Trugdolden mit fünf Hauptstrahlen, später hängend, zerstreut behaart.
Früchte: Beeren, schwarz, eiförmig bis kugelig, an dunkelroten Stielen, reif glänzend, mit dunkelrotem Saft und kleinen Kernen.
Zweige: Dick, kahl, kantig, hellgrau, mit vielen rostfarbenen Rindenporen. Stamm mit hellgrauer, tiefrissiger Borke.
Strauch, auch baumartig. Höhe 3-10 m. In Ebene und Hügelland.

Gemeine Robinie, Falsche Akazie *Robinia pseudacacia* Schmetterlingsblütler *Fabaceae*
Blätter: Unpaarig gefiedert mit 9-19 Teilblättchen. Kurz gestielt, eiförmig bis elliptisch, ganzrandig. Am Blattgrund zwei flache, gekrümmt stehende Dornen. Blätter oberseits sattgrün, unterseits graugrün.
Blüten: Weiß, in hängenden, blattwinkelständigen Trauben, honigreich, wohlriechend, erscheinen nach den Blättern.
Früchte: Schwarze bis braune, nierenförmige Samen in rötlichbraunen, flachen, langen Hülsen, die innen weißlich, seidig glänzen.
Zweige: Kantig, braun, Knospen spiralig angeordnet zwischen paarweisen Dornen.
Baum mit lockerer, dünn belaubter Krone, Blüten stark duftend. In Wäldern und Parks. Heimat Nordamerika.

Echte Waldrebe, Gemeine Waldrebe *Clematis vitalba* Hahnenfußgewächse *Ranunculaceae*
Blätter: Gegenständig, unpaarig gefiedert, meist fünf Teilblättchen, das untere Paar oft in drei Teilblättchen, gestielt. Oft ganzrandig, herz- oder eiförmig zugespitzt, eingeschnitten gezähnt. Oberseits dunkelgrün, unterseits heller grün.
Blüten: In achselständigen und endständigen Trugdolden, Blumenkrone fehlend, grünlich, innen weiß, wohlriechend. Juni - August.
Früchte: Nüßchen, klein, braun, mit zottigem Schnabel.
Zweige: Stengel anfangs grün bis grünbraun, elastisch, später kantig, verholzend, ranken sich mit den Blattstielen an Bäumen und Sträuchern hoch, bis zu 12 m.
Klimmender Strauch, Stämmchen grau berindet, knotig verdickt.

Heckenrose, Hundsrose *Rosa canina* Rosengewächse *Rosaceae*
Blätter: Unpaarig gefiedert, wechselständig, mit fünf bis sieben Teilblättchen. Oberseits sattgrün, unterseits heller, drüsenlos.
Blüten: Hellrosa bis weiß, zu 1-3 stehend, etwa 2-2,5 cm lang. Kelchblätter zurückgeschlagen, bleiben lange an der Frucht, wohlriechend. Juni.
Früchte: « Hagebutten », orangefarben bis scharlachrot, kugelig bis länglich. 1,5-2 cm lang, glatt, fleischig. Enthalten zahlreiche behaarte, einsamige Nüßchen; eßbar, sehr vitaminreich.
Zweige: Grün bis braungrün, bogig überhängend, bestachelt. Stacheln schlank, kräftig, am Grunde nicht auffallend verdickt.
Strauch. Höhe bis 3 m, aufrecht wachsend mit lockerer Krone. In der Ebene und im Gebirge. An Waldrändern, Wegen, in Gebüschen.

Heckenrose

Gemeine Eberesche

Laubhölzer, Strauch oder Baum

Speierling, Sperberbaum, Schmerbirne *Sorbus domestica* Rosengewächse *Rosaceae*
Blätter: Wechselständig, länglich-lanzettlich, mit vielen sitzenden Teilblättchen. Kurz zugespitzt, scharf gesägt. Oberseits grün, unterseits graugrün.
Blüten: Weiß oder rötlich, meist mit fünf Griffeln, größer als die der Vogelbeere in aufrechten, großen Trugdolden. Mai.
Früchte: Birnenförmig, auch eiförmig, zuerst grün mit rötlicher Zeichnung, bei der Reife dann gelb und rotwangig. Genießbar.
Zweige: Gleichen denen der Eberesche, im Alter werden Stamm und Äste dunkelgrau, Borke durch Längs- und Querrisse kleinschuppig. Baum, Höhe bis 20 m. Große, starke Krone. Beansprucht warmes Klima. Südwestliches Mitteleuropa.

Gemeine Eberesche, Vogelbeere *Sorbus aucuparia* Rosengewächse *Rosaceae*
Blätter: Unpaarig gefiedert, kreuzweise gegenständig, langgestielt mit 9-15, meist 11 Teilblättchen. Länglich-lanzettlich, zugespitzt, ungleich gesägt. Oberseits dunkelgrün, unterseits heller; bis auf die behaarte Mittelrippe kahl.
Blüten: Weiß, vielblütige Doldentrauben, unangenehm riechend. Mai-Juni.
Früchte: « Vogelbeeren », erbsengroß, anfangs gelb, später korallenrot. Genießbar, aber bitter.
Zweige: Graubraun, Rinde glatt, hellgrau, glänzend mit rostbraunen Korkwarzen.
Hochstämmiger Baum. Höhe bis 15 m. Schlanker, walziger Stamm mit rundlicher, lockerer Krone. In Wäldern, Gebüschen, häufig.

Gemeine Esche *Fraxinus excelsior* Ölbaumgewächse *Oleaceae*
Blätter: Unpaarig gefiedert, kreuzweise gegenständig, 9-13 fast sitzende Teilblätter. Eiförmig länglich zugespitzt, ungleich gesägt. Oberseits dunkelgrün, unterseits heller; bis auf die behaarte Mittelrippe kahl.
Blüten: Erscheinen vor den Blättern, meist zwittrig, in hängenden Rispen, dunkel purpurn oder violett, dichtgebüschelt.
Früchte: Gelbbraune Nüßchen in zungenförmigen Flügeln, in hängenden Rispen. Samen länglich, zugespitzt, matt. Längsgestreift.
Zweige: Dick, grau oder graugrün, kahl. Rinde am Stamm und älteren Ästen graubraun bis hell, im Alter rissig. Stamm gerade, walzlich. Baum. Höhe 25-35 m, mit kugeliger Krone, Alter bis 250 Jahre. Vor allem in Niederungen, Flußtälern und Flußauen, an Ufern.

Walnußbaum, Welschnuß *Juglans regia* Walnußgewächse *Juglandaceae*
Blätter: Unpaarig gefiedert, wechselständig, fünf bis neun Teilblätter, ganzrandig oder undeutlich gezähnt, oval, derb, kahl. Oberseits glänzend dunkelgrün, unterseits etwas heller.
Blüten: Männlich in grünlichen, seitlich hängenden, dickwalzigen Kätzchen am Ende vorjähriger Triebe; weiblich zu zweit bis fünft, mit je zwei fleischigen weißlichen oder rötlichen Narben.
Früchte: Nußhülle grün, glattschalig, hell punktiert, Nuß hellbraun runzlig, Kern hell, wohlschmeckend, ölhaltig.
Zweige: Junge Zweige behaart, später kahl werdend. Rinde glatt, aschgrau, in zunehmendem Alter tiefrissige Borke.
Baum. Höhe 25 m, mit kräftiger, ausgebreiteter Krone, gewölbt.

Walnußbaum

Laubhölzer, Strauch oder Baum

Schwarzer Holunder

Schwarzer Holunder, Holler *Sambucus nigra* Geißblattgewächse *Caprifoliaceae*
Blätter: Unpaarig gefiedert, gegenständig, drei bis sieben Teilblätter, spitzgesägt, eiförmig zugespitzt, glanzlos, oberseits dunkelgrün, unterseits heller.
Blüten: Gelblichweiß, in aufrechtstehenden, flachen endständigen Trugdolden, mit fünf Hauptstrahlen, später hängend, zerstreut behaart.
Früchte: Beeren, schwarz, eiförmig bis kugelig an dunkelroten Stielen, reif glänzend, mit dunkelrotem Saft und kleinen Kernen.
Zweige: Dick, kahl, kantig, hellgrau, mit vielen rostfarbenen Rindenporen. Stamm mit hellgrauer, tiefrissiger Borke.
Strauch, auch baumartig. Höhe 3-10 m. In Ebene und Hügelland.

Roter Holunder, Trauben- oder Hirschholunder *Sambucus racemosa* Geißblattgewächse *Caprifoliaceae*
Blätter: Unpaarig gefiedert, gegenständig, meistens mit fünf Teilblättern. Kleiner und schmäler als die des Schwarzen Holunders, kurzgestielt, scharf gesägt, ei-lanzettlich. Oberseits dunkelgrün, unterseits bläulichgrün.
Blüten: Zuerst grünlich, dann gelblich-weiß, in aufrechten, eiförmigen Rispen.
Früchte: Steinbeeren, « Katelbeeren », leuchtend korallenrot, nicht eßbar, als Saft gekocht verwendbar. Samen gelbbraun, eiförmig, ziemlich flach.
Zweige: Graubraun mit deutlichen Rindenporen. Das Mark ist braun.
Strauch, Höhe 1,75-4 m. Häufig in sonnigen Lagen, auf lockeren, lehmig-sandigen Böden. Vor allem in Bergwäldern.

Zwergholunder, Attich *Sambucus ebulus* Geißblattgewächse *Caprifoliaceae*
Blätter: Unpaarig gefiedert, gegenständig, fünf bis neun Teilblättchen ei-lanzettlich zugespitzt. Der Blattrand ist scharf gesägt. Blattoberseiten intensiv grün gefärbt. Blattunterseiten grau- bis hellgrün.
Blüten: Flache Trugdolden, weiß bis schwach rosa. Die Blütendolden sind wesentlich kleiner als die des schwarzen Holunders.
Früchte: Beeren, schwarz, glänzend, eiförmig bis kugelig, an braungrünen bis rötlichen Stielen. Die Beeren sind klein.
Zweige: Krautartig, kaum verholzend. Die Rinde ist kleinwarzig gefurcht.
Halbstrauch, staudenartig. Höhe 0,6-1,5 m. Die Krone ist stark verästelt. Liebt humosen Boden, lichtbedürftig. An Waldrändern.

Gemeine Robinie, Falsche Akazie *Robinia pseudacacia* Schmetterlingsblütler *Fabaceae*
Blätter: Unpaarig gefiedert mit 9-19 Teilblättchen. Kurz gestielt, eiförmig bis elliptisch, ganzrandig. Am Blattgrund zwei flache, gekrümmt stehende Dornen. Blätter oberseits sattgrün, unterseits graugrün.
Blüten: Weiß, in hängenden, blattwinkelständigen Trauben, honigreich, wohlriechend, erscheinen nach den Blättern.
Früchte: Schwarze bis braune, nierenförmige Samen in rötlichbraunen, flachen, langen Hülsen, die innen weißlich, seidig glänzen.
Zweige: Kantig, braun, Knospen spiralig angeordnet zwischen paarweisen Dornen.
Baum mit lockerer, dünn belaubter Krone. In Wäldern und Parks.

Zwergholunder

Laubhölzer, Strauch oder Baum

Blasenstrauch

Dreidornige Gleditschie, Christusdorn *Gleditsia triacanthos* Schmetterlingsblütler *Fabaceae*
Blätter: Wechselständig, teils einfach, teils doppelt gefiedert. Teilblatt kerbig gezähnt, länglich lanzettlich mit gerundetem Grunde. Oberseits hellgrün, unterseits matt.
Blüten: Grünlich, unscheinbar, neben zwittrigen auch eingeschlechtliche Blüten, in Trauben sitzend, die männlichen gebüschelt.
Früchte: Hülsen, platt zusammengedrückt, braunrot, hängend, vielsamig, lang. Länge 30 cm, Breite 3 cm.
Zweige: Braun oder graubraun, Äste und Stamm von meist dreiteilig verzweigten, langen, braunroten, über den Knospen sitzenden Dornen besetzt.
Baum. Höhe 25 bis 40 m. Stark bedornt mit ausladender, sperriger Krone. Meist als Parkbaum, aber auch verwildert.

Heckenrose, Hundsrose *Rosa canina* *Rosaceae*
Blätter: Unpaarig gefiedert, wechselständig, mit fünf bis sieben Teilblättchen, 2-4 cm lang, scharf gesägt, eiförmig oder elliptisch, kahl. Oberseits sattgrün, unterseits heller, drüsenlos. Die Blattstiele sind kahl, etwas bestachelt und drüsig mit angewachsenen Nebenblättchen.
Blüten: Hellrosa bis weiß, zu 1-3 stehend, etwa 2-2,5 cm lang. Kelchblätter zurückgeschlagen, lange an der Frucht bleibend, wohlriechend. Juni.
Früchte: « Hagebutten », orangenfarben bis scharlachrot, kugelig bis länglich, 1,5-2 cm lang, glatt, fleischig, enthalten zahlreiche behaarte, einsamige Nüßchen, eßbar, sehr vitaminhaltig.
Zweige: Grün bis braungrün, bogig überhängend, bestachelt. Stacheln schlank, kräftig, am Grunde nicht auffallend verdickt.
Strauch. Höhe bis 3 m, aufrecht wachsend. Sehr lichtliebend. An Waldrändern, Wegen, in Gebüschen und lichten Waldungen.

Blasenstrauch *Colutea arborescens* Schmetterlingsblütler *Fabaceae*
Blätter: Unpaarig gefiedert, wechselständig, sieben bis elf Teilblätter, verkehrt eiförmig, ganzrandig, schwach ausgerandet, oft stachelspitzig. Oberseits grasgrün, unterseits heller. Schwach behaart, deutlich geadert.
Blüten: Schmetterlingsblüten, goldgelb, in aufrechten, blattwinkelständigen Trauben.
Früchte: Hülsen, wirken stark aufgeblasen, gestielt, hängend. Zuerst gelbgrün, später gelb bis rötlich und dann braun. 6-7 cm lang, Juni.
Zweige: Stielrund, grau, mit spinnwebigem Mark, fast hohl, Borke abblätternd.
Strauch, bis 4 m hoch. Auf steinigen, kalkigen Böden. Häufiger in Süddeutschland und in Südeuropa. Oft angepflanzt. Sommergrün.

Eschenahorn

Eschenahorn *Acer negundo* Ahorngewächse *Aceraceae*
Blätter: Gefiedert, drei bis fünfzählig, gegenständig, langgestielt. Grob gesägt, das mittlere oft gelappt. Oberseits lichtgrün, unterseits heller und dünn behaart.
Blüten: Gelbgrün, vor oder mit dem Blatt erscheinend, in vielblättrigen Büscheln hängend.
Früchte: Hellfarbige Nüßchen in Flügeln, die nach innen gekrümmt sind.
Zweige: Kahl, hellgrau, oft bereift. Später rissige, dicke Borke.
Mehrstämmiger Baum. Höhe bis 25 m. Breite Krone, überhängend. Angepflanzt an Wegen und Alleen, in Parks und Gärten.

Laubhölzer, Strauch oder Baum

Feldahorn

Feldahorn, Maßholder *Acer campestre* Ahorngewächse *Aceraceae*
Blätter: Handförmig, drei- bis fünflappig, gegenständig, klein, langgestielt, am Grunde herzförmig, ganzrandig mit spitzen Buchten. Farbe dunkelgrün. Blattstiel und Rippen enthalten einen milchigen Saft.
Blüten: Gelbgrün, in aufrechten Doldenrispen, später überhängend.
Früchte: Nüßchen, meist graufilzig in Fruchtflügeln, die waagerecht ausgespreizt sind.
Zweige: Rinde glatt, braun, später netzartig aufgerissene, eckig gefelderte Borke. Die Zweige und Äste wirken korkig.
Strauch oder Baum mit rundlicher Krone, Höhe 3-20 m. Wälder, Gebüsche, besonders auf Kalkböden in Hecken angepflanzt. Sommergrün.

Spitzahorn *Acer platanoides* Ahorngewächse *Aceraceae*
Blätter: Handförmig, fünf- bis siebenlappig, gegenständig, Lappen beiderseits mit ein oder zwei spitzen Zähnen, rundbuchtig, beiderseits glänzend, grün, kahl, in den Aderwinkeln bärtig.
Blüten: Gelbgrün, in hängenden, zusammengesetzten Trauben. April - Mai, vor oder mit dem Laubausbruch.
Früchte: Nüßchen, kugelig in waagerecht ausgespreizten Fruchtflügeln.
Zweige: Grün, später braun. Die Rinde bildet an älteren Ästen und am Stamm eine rissige, schwärzliche, nicht abblätternde Borke.
Baum, Höhe 20-25 m. Krone breit, eirundlich. In Wäldern der Ebene oder in niedrigen Gebirgen, oft angepflanzt in Parks oder an Wegen.

Bergahorn, Traubenahorn *Acer pseudoplatanus* Ahorngewächse *Aceraceae*
Blätter: Handförmig, fünflappig, am Grunde herzförmig, scharf zugespitzt. Oberseits dunkelgrün, kahl, unterseits hellgraugrün; in den Aderwinkeln behaart, gegenständig.
Blüten: Erscheinen nach den Blättern, gelbgrün, in Trauben hängend, fünf Kelch- und fünf Kronblätter.
Früchte: Kugelig in gelben oder rötlichen, spitz gespreizten Flügeln. Juni.
Zweige: Knospen an Zweigen, gegenständig, große Blattnarben, Zweige grau, kahl.
Aufrechter Baum. Höhe bis 25 m, Krone abgerundet. In Laubwäldern, Gebüschen. Bisweilen strauchartig, sommergrün. Häufig angepflanzt.

Roßkastanie *Aesculus hippocastanum* Roßkastaniengewächse *Hippocastanaceae*
Blätter: Gegenständig, gefingert, langgestielt, mit Teilblättchen, verkehrt eiförmig, am Grunde keilig, oben zugespitzt. Oberseits glänzend sattgrün, kahl, unterseits hellgrün mit filzigen Adern, Stiel rinnig.
Blüten: In aufrechtstehenden Rispen, weiß oder rot und gelb gefleckt. Staubgefäße niedergebogen. Die Blüten erscheinen nach den Blättern.
Früchte: Glänzend rotbraun, mit grauweißem Nabelfleck, groß, meist zu dritt in kugeliger, grüner, weichstacheliger, in zwei bis drei Flächen aufspringender Hülle.
Zweige: Dick, bräunlichgrau. Knospen gegenständig, Endknospe groß und dick. Unter den Knospen große schildförmige, hellkorkfarbene Blattnarben.
Baum. Höhe 20-25 m. Große, kugelige Krone. Wächst besonders gut auf humosem Boden, frostempfindlich.

Bergahorn

Schwarze Johannisbeere

Brombeere *Rubus fructicosus* Rosengewächse *Rosaceae*
Blätter: Drei- bis siebenzählig, handförmig, wechselständig. Einzelblättchen vielgestaltig, gezähnt, das Endblättchen lang gestielt, länglich-eiförmig zugespitzt. Oberseits dunkelgrün, kahl, Unterseite heller, weiß-filzig behaart. Blattstiel und Nerven stachelig.
Blüten: Weiß oder rosa, in lockeren Trugdolden. Juni bis Juli.
Früchte: Rot, später tiefschwarz glänzend, auch bläulich bereift. Lösen sich mit dem Blütenboden ab. Eßbar, saftig, aromatisch.
Zweige: Kantig, mit derben, gekrümmten Stacheln, nach hinten gebogen. Erst grün, dann braun. Lange, spitze Knospen.
Strauch, Höhe bis 2 m, oft am Boden rankend. An Waldrändern, Gebüschen, Abhängen, auf Lichtungen. In den Alpen bis 800 m.

Rote Johannisbeere, Ribisel *Ribes rubrum* Steinbrechgewächse *Saxifragaceae*
Blätter: Wechselständig, drei- bis fünflappig, eingeschnitten kerbiggesägt. Oberseits dunkelgrün, unterseits heller und weichhaarig.
Blüten: Gelblichgrün, in lockeren Blütentrauben hängend, fast kahl. Der Kelch ist schüsselförmig vertieft. April - Mai.
Früchte: Beeren, kugelig, rot, süßlich, aromatisch. Eßbar.
Zweige: Grau oder graubraun. Ältere Äste und Stamm braunschwarz. Zweige und Äste sind stachellos und unbehaart. Knospen sind wechselständig angeordnet und eiförmig, zugespitzt.
Strauch, Höhe 1-2 m. Lockere Krone, aufrecht wachsend, verästelt. Feuchte Wälder, Gebüsche, Hecken. Häufig angepflanzt, Urform für sämtliche gezüchtete Rote Johannisbeer-Sorten.

Schwarze Johannisbeere, Ahlbeere *Ribes nigrum* Steinbrechgewächse *Saxifragaceae*
Blätter: Wechselständig, tief drei- bis fünflappig. Mittellappen fast nie länger als die seitlichen. Am Rande grobgezähnt. Oberseite grün, kahl, unterseits heller, mit gelblichen Harzdrüsen besetzt.
Blüten: Grünlich, innen blaßrötlich, in Blütentrauben hängend, achselständig, weichbehaart. April, Mai.
Früchte: Beeren, violett bis schwarz, größer als die der Roten Johannisbeere, kugelig, drüsig punktiert. Geruch widerlich, Geschmack süß. Enthalten viel Vitamin C.
Zweige: Gelbbraun bis braun, kräftig, drüsig, stachellos. Duften beim Anschneiden. Besetzt mit wechselständig angeordneten, dicken, stumpfen Knospen.
Strauch, Höhe 1,25-1,50 m. Liebt feuchte, humose Böden. In feuchten Wäldern und Gebüschen, in Erlenbrüchen, Flachmooren und Sümpfen.

Himbeere

Himbeere *Rubus idaeus* Rosengewächse *Rosaceae*
Blätter: Drei- bis siebenzählig gefiedert, wechselständig. Teilblättchen ungleich, scharf gesägt, das Endblättchen lang gestielt, länglich eiförmig, zugespitzt, runzelig. Oberseits dunkelgrün, kahl, unterseits weißfilzig. Stiel und Rippen behaart.
Blüten: Weiß, meist nickend in Trugdolden.
Früchte: Rote, samtige Früchte, mit zahlreichen, glatten Steinkernchen. Die Frucht löst sich nach der Reife als Ganzes vom weißen, zapfenförmigen Blütenboden. Sehr aromatisch.
Zweige: Triebe zuerst grün, später graubraun, mit kurzen Stachelborsten besetzt. Knospen lang und spitz. Spiralig angeordnet. Halbstrauch, Höhe 1-2 m. Aufrecht wachsende, oben etwas hängende Triebe.

Schneeball

Ahornblättrige Platane *Platanus acerifolia* Platanengewächse *Platanaceae*
Blätter: Wechselständig, am Grunde abgestutzt bis herzförmig, langgestielt, fast ganzrandig bis grob gezähnt, drei- bis fünflappig.
Blüten: Unscheinbar, Blütenköpfchen kugelig grün, meist zu zweit, an langen, hängenden Stielen. Weibliche Blüten sind größer. Mai, Juni.
Früchte: Scheinfrüchte, kugelig, groß, zuerst grün, später bräunlich, zu zweit oder zu dritt an langen Stielen hängend.
Zweige: Junge Triebe dicht bräunlich-filzig. An älteren Ästen und am Stamm gelblichgrüne Rinde, später bräunlichgrüne Borke, die laufend in unregelmäßigen, großen, dünnen Stücken abblättert.
Baum. Höhe 9-20 m. Mächtiger Stamm und große, lockere, rundliche Krone. Verlangt humosen, feuchten Boden.

Schneeball *Viburnum opulus* Geißblattgewächse *Caprifoliaceae*
Blätter: Gegenständig, ahornähnlich, drei- bis fünflappig, Lappen buchtig gezähnt, zugespitzt, oberseits grün, kahl, unterseits graugrün und weich behaart. Blattstiel oberseits rinnig mit großen Drüsen.
Blüten: Weiß, in endständigen, schirmförmigen Dolden, Randblüten sind unfruchtbar, dienen nur der Insektenanlockung. Mai - Juni.
Früchte: Steinbeeren, erbsengroß, kugelig scharlachrot.
Zweige: Biegsam, kahl, Rinde hellgrau bis gelblichgrau, Seitenzweige sind mehr oder weniger kantig. Knospen gegenständig, anliegend.
Strauch. Höhe 1,75-3,75 m. Auf feuchten, humosen, kalkreichen Böden. In Wäldern, feuchten Gebüschen, an Flußufern.

Zweigriffliger Weißdorn, Gemeiner Weißdorn *Crataegus oxyacantha* Rosengewächse *Rosaceae*
Blätter: Wechselständig, eiförmig, am Grunde keilförmig, drei- bis fünflappig, auch ungestielt, 2-5 cm lang, Blattlappen kurz und stumpf, vorn ungleich gesägt. Oberseits dunkelgrün, glänzend, unterseits gelblichgrün.
Blüten: Weiß, rötlich, Staubbeutel rot, meist mit zwei Griffeln, in aufrechten Trugdolden, unangenehm riechend, Blütenstiele kahl, Mai - Juni.
Früchte: Beerenfrüchte, eiförmig, meist zweisteinig, rot, mehlig, eßbar, am Scheitel kraterförmig vertieft.
Zweige: Helloliv bis rotbraun. Rinde dunkelgrau, Äste kahl mit spitzen, 1,5 cm langen Dornen, häufig am Ende der Seitenzweige.
Strauch oder kleiner Baum. Höhe 2-5 m. In Wäldern, an Hecken.

Eingriffliger Weißdorn

Eingriffliger Weißdorn *Crataegus monogyna* Rosengewächse *Rosaceae*
Blätter: Wechselständig, meist drei- bis fünflappig, tief eingeschnitten bis fiederteilig. Blattlappen vorn gesägt, spitz, mehr abstehend, oberseits glänzend dunkelgrün, unterseits bläulich oder weißlich-grün.
Blüten: Weiß, mit nur einem Griffel (Name), in aufrechten Trugdolden, unangenehm riechend. Staubbeutel rot. Blütenstiele anfangs behaart. Mai-Juni.
Früchte: Beerenfrüchte, fast kugelig, leuchtend rot, einsteinig, am Scheitel kraterförmig vertieft, Vogelfutter.
Zweige: Braun bis aschgrau, Äste kahl, Rinde glatt mit wenig Dornen.
Strauch oder Baum. Höhe 2-5 m. Breite, oft herabhängende Krone. Liebt nährstoffreichen kalkhaltigen, humosen Boden, auch an trokkenen sandigen Stellen. An Waldrändern, Hecken, in Anlagen.

Laubhölzer, Strauch oder Baum

Stieleiche

Stieleiche, Sommereiche *Quercus robur* Buchengewächse *Fagaceae*
Blätter: Wechselständig, in Büscheln am Ende der Triebe, länglich verkehrt eiförmig, tiefbuchtig, am Grunde herzförmig. Blatt gelappt, Lappen gerundet, meist kahl, oberseits matt dunkelgrün, unterseits heller.
Blüten: Männliche Kätzchen grünlich, hängen am Grunde neuer Triebe. Weibliche Blüten knopfförmig, rot, gestielt, einzeln in einer Hülle.
Früchte: Eicheln, walzenförmig, längsgestreift, in schuppenholzigem Becher an sehr langen Stielen (Name). Zuerst grün, während der Reife hellbraun.
Zweige: Graubraun, stumpfkantig, mit hellen Korkwarzen. Knospen braun, dick, stumpf, etwas kantig. Rinde dunkel, tiefrissig.
Baum, Höhe bis 50 m. Mit mächtiger Krone, stark verästelt.

Traubeneiche, Wintereiche *Quercus petraea* Buchengewächse *Fagaceae*
Blätter: Wechselständig, gleichmäßig über den Zweig verteilt, ziemlich langgestielt, länglich verkehrt eiförmig, tiefbuchtig, am Grunde verschmälert. Blatt gelappt, oberseits glänzend dunkelgrün, unterseits heller.
Blüten: Männliche Blüten grünlich, in hängenden Kätzchen, weibliche Blüten sitzend, knopfförmig, rötlich.
Früchte: Eicheln sind kürzer und gedrungener als die der Stieleiche, fast ungestielt, oft drei bis sieben Eicheln beieinander (Name).
Zweige: Gleichmäßig beblättert, Rinde sehr geschuppt, flachrissig. Stamm im allgemeinen schlanker als bei der Stieleiche.
Baum, Höhe bis 50 m. Stamm oft bis zum Wipfel durchgehend. Lebensalter mehr als 700 Jahre. Sommergrün.

Roteiche *Quercus borealis* Buchengewächse *Fagaceae*
Blätter: Wechselständig, groß, 10-20 cm lang, grob gezähnt, am Grunde breit keilförmig, in haarfeine Spitzen ausgezogene Lappen. Oberseits dunkelgrün, unterseits hellgrün. Im Herbst sehr schön scharlachrote Färbung.
Blüte: Männlich graugrüne Kätzchen, weiblich kleine, rötliche Knöpfchen.
Früchte: Eicheln, rundlich-eiförmig, einzeln oder zu zweien, etwa 20 mm lang. Die Eicheln ragen etwa zu 2/3 ihrer Länge aus dem kahlen, sehr kurz gestielten Becher hervor.
Zweige: Abstehend, rotbraun behaart. Rinde an Ästen und am Stamm ist dunkelgrau und bis ins späte Alter glatt.
Baum, Höhe bis zu 30 m. Dicker, glatter Stamm und breitastige Krone. Im Walde eingestreut. Vor allem in Parks angepflanzt.

Roteiche

Eichengallwespe
Der Naturfreund findet häufig an den verschiedensten Baum- und Strauch-Arten die kuriosesten Gebilde. Hervorgerufen werden diese Gallen durch die Gallwespen, die je nach Art an Rosen, Buchen, Eichen und vielen anderen Bäumen und Sträuchern diese Fremdbildungen verursachen. Das Gallwespen-Weibchen verletzt dabei mit seinem Legestachel das Pflanzengewebe und legt in den entstandenen Riß ein oder mehrere Eier. Die Pflanze reagiert darauf mit einer Galle, von und in der sich dann die geschlüpften Larven ernähren. Wenn die Larven erwachsen sind, bohren sie sich einen Ausgang.

Berberitze

Seidelbast, Kellerhals *Daphne mezereum* Seidelbastgewächse *Thymelaeaceae*
Blätter: Wechselständig, fast büschelig, lanzettlich, am Grunde keilförmig-verschmälert, sitzend, ganzrandig. Oberseits hellgrün, unterseits graugrün, kahl, weich, fiedernervig.
Blüten: Rosenrot, glöckchenförmig, erscheinen vor den Blättern, seitenständig, sitzend, meist zu dritt in den Blattachseln, eine unterbrochene Ähre bildend, röhrig vierzipfelig. März, April. Wohlriechend.
Früchte: Steinfrüchte, knapp erbsengroß, eiförmig-kugelig, rot, fleischig, saftig. Früchte stark giftig!
Zweige: Gelblichgrau mit braunen Wärzchen, Rinde runzelig, giftig!
Strauch. Höhe bis 1,25 m, spärlich verzweigt. Sehr zerstreut. Giftig!

Berberitze, Sauerdorn *Berberis vulgaris* Sauerdorngewächse *Berberidaceae*
Blätter: Wechselständig, kurz gestielt, länglich eiförmig, am Rande scharf dornig gewimpert, in Büscheln in den Achseln von ein bis sieben meist dreiteiligen Dornen. Blattoberseite dunkelgrün, Unterseite hell graugrün. Im Herbst rot.
Blüten: Gelb, in hängenden Trauben aus den Achseln der Dornen, stark riechend, Mai.
Früchte: Beeren, hell- bis dunkelrot, länglich, sauer.
Zweige: Lang, gertenförmig, überhängend mit ein bis sieben meist dreiteiligen Dornen. Rinde rötlich bis rotbraun, bitter.
Strauch. Höhe 1,25-2 m. Sonnige Hügel, lichte Wälder, Waldränder.

Stachelbeere *Ribes uva-crispa* Steinbrechgewächse *Saxifragaceae*
Blätter: Wechselständig, drei- bis fünflappig, eingeschnitten gekerbt, rundlich, am Grunde herzförmig, 2-6 cm breit, büschelständig. Oberseits grün, glänzend, unterseits heller, weich behaart. Handnervig.
Blüten: Grünlichgelb oder schmutzig purpurn, Kelchröhre glockig, einzeln oder zu zweit bis dritt gestielt, nickend. April - Mai.
Früchte: Beeren, rot, borstig, kugelig bis länglich, gestielt, vielsamig, aromatisch bis süß. Kultursorten auch gelb und grün.
Zweige: Lang, dünn, hart, stachelig, Stacheln einfach bis fünfteilig, unter den Blättern oder Knospen stehend. Rinde am Stamm und älteren Ästen braun, rissig.
Strauch, Höhe 0,6-1,5 m, dichtverzweigt. In der Ebene, im Gebirge.

Sanddorn, Seedorn *Hippophaë rhamnoides* Ölweidengewächse *Elaeagnaceae*
Blätter: Wechselständig, linealisch, stumpflich oder spitz, 5-8 cm lang, in einem kurzen Stiel verschmälert. Oberseits graugrün, kahl, unterseits silberweiß. Seitenadern wenig auffallend, ganzrandig.
Blüten: Vor den Blätter erscheinend. Klein, unscheinbar, rotbraun oder gelblich. Männliche Blüten büschelig, weibliche meist einzeln mit vortretender Narbe. Mai - Juni.
Früchte: Scheinbeeren. Klein, orangefarben, eiförmig, schwach braun punktiert, zahlreich, dicht stehend, meist einsamig. Samen glänzend braun, sauer, reich an Vitamin C.
Zweige: Rutenförmig, stark verästelt. Äste scharf dornspitzig, hellgrau bis graubraun. Im Alter Rinde rissig und schuppig.
Strauch, sehr sperrig, selten kleiner Baum. Höhe 1-3,5 m. An Flußufern und Küsten, auf den Dünen der Nord- und Ostseeküste.

Stachelbeere

Schneebeere

Schneebeere *Symphoricarpus albus* Geißblattgewächse *Caprifoliaceae*
Blätter: Gegenständig, rundlich eiförmig oder elliptisch, manchmal etwas gelappt, kurz gestielt, ganzrandig. Die Blattoberseite ist bläulich-dunkelgrün, die Blattunterseite blaßgrün, fast kahl, fiedernervig.
Blüten: Rosa oder rötlich, in zweigendständigen, unterbrochenen Trauben, innen dicht behaart. Vier- bis fünflappig.
Früchte: Beeren, erbsen- bis haselnußgroß, schneeweiß, wabig-fleischig. Ungenießbar.
Zweige: Zuerst rötlichbraun bis hellbraun, später graubraun oder grau. Die Zweige wirken dünn und kantig.
Buschiger Strauch. Höhe 0,5-2 m. Heimat Nordamerika. In Parks, Gebüschen, an sonnigen Hängen.

Kornelkirsche, Gelber Hartriegel, Herlitze, Dirlitze *Cornus mas* Hartriegelgewächse *Cornaceae*
Blätter: Gegenständig, gestielt ei-elliptisch, lang zugespitzt, ganzrandig, 5-8 cm lang, oben glänzend, beiderseits grün, kurzhaarig.
Blüten: Gelb, in einfachen, kleinen Dolden seitenständig, vor den Blättern erscheinend, vierzählig, anfangs von vier Hüllblättern umgeben. Februar bis April.
Früchte: Steinfrüchte, groß, oval, kirschrot, hängend, mit großem, zweisamigem Kern, eßbar, säuerlich.
Zweige: Aufrecht wachsend, kahl, grün, stielrundlich, in der Jugend angedrückt behaart. Später an der Lichtseite violett überlaufen. Knospen gegenständig lanzettlich, spitz. Blütenknospen größer, kugelig-rundlich.
Strauch oder kleiner Baum. Höhe bis 8 m. Rundliche, lockere Krone. Rinde am Stamm gelblichgrau, blätterig aufreißend. Liebt humosen, kalkhaltigen Boden. An felsigen, bebuschten Orten, an Waldrändern.

Hartriegel, Roter Hornstrauch *Cornus sanguinea* Hartriegelgewächse *Cornaceae*
Blätter: Gegenständig, gestielt, länglich-eiförmig, zugespitzt, ganzrandig, am Rande wellig, beiderseits dunkelgrün. Blätter ungleich groß. Die endständigen Paare immer wesentlich größer. Blattlänge 4-8 cm.
Blüten: Weiß, dichte, schirmförmige Rispen, erscheinen nach den Blättern. Sitzen am Ende der beblätterten Triebe.
Früchte: Steinfrüchte, zuerst grün, später schwarz, weiß punktiert, erbsengroß, auf rötlichen Stielen aufrechtstehend, bitter.
Zweige: Dunkelpurpurrot bis braunrot, mit gegenständigen Knospen, diese braunfilzig, schmal kegelförmig.
Strauch oder Baum, aufrecht wachsend, Höhe 3-4 m. Besonders auf kalkhaltigem Boden. In Wäldern und Gebüschen, in Parks.

Flieder

Flieder, Gemeiner Flieder *Syringa vulgaris* Ölbaumgewächse *Oleaceae*
Blätter: Gegenständig, herzförmig mit vorgezogener Spitze, gestielt, ganzrandig, kahl. Oberseits dunkelgrün, unterseits etwas heller grün. Adernetz sehr fein, durchschimmernd, fiedernervig.
Blüten: Meist lila, in endständigen Rispen, duftend, Mai bis Juni.
Früchte: Zweifächrige Kapseln mit geflügeltem Samen.
Zweige: Grün bis braungrün, im Alter längsrissige, dünne, abblätternde Borke. Zweige hängend.
Strauch oder kleiner Baum. Höhe 3-7 m. In Laubwäldern und Hecken, an Waldrändern. Heimat Südungarn.

Faulbaum

Laubhölzer, Strauch oder Baum

Faulbaum, Pulverholz *Rhamnus frangula* Kreuzdorngewächse *Rhamnaceae*
Blätter: Wechselständig, eiförmig-elliptisch, stumpf oder kurz zugespitzt, 4-7 cm lang, ganzrandig, leicht gewellt, dünn, mit sechs bis acht schrägen, parallelen Seitennerven. Oberseits dunkelgrün, unterseits glänzend hellgrün. Blattstiel behaart, auf der Sonnenseite rot.
Blüten: Zwittrig, klein, zwei bis sechs in achselständigen Trugdolden, grünlich-weiß, stark duftend.
Früchte: Steinbeeren, erbsengroß, erst grün, dann rot, später schwarz.
Zweige: Braun bis violett, mit länglichen, quergestellten, grauweißen Korkwarzen. Knospen spiralig angeordnet, filzig behaart.
Baumartiger Strauch. Höhe bis 6 m, mit besenförmiger Krone. Liebt feuchten, humosen, auch sumpfigen oder moorigen Boden. In Laubwäldern, Mooren, Gebüschen oder angepflanzt.

Heckenkirsche, Geißblatt *Lonicera xylosteum* *Geißblattgewächse* *Caprifoliaceae*
Blätter: Gegenständig, breit-eiförmig, leicht zugespitzt, kurzgestielt, ganzrandig, am Rande schwach gewimpert. Oberseits dunkelgrün, unterseits etwas heller, weichhaarig und fiedernervig.
Blüten: Gelblichweiß, paarweise auf weichbehaartem Stiel.
Früchte: Beeren, scharlachrot bis dunkelrot, paarweise beieinanderstehend, knapp erbsengroß, glasartig glänzend, viersamig. Ungenießbar, bitter, reizen zum Erbrechen. Nicht giftig.
Zweige: Dünn, graugrün, kahl oder leicht behaart, werden bald hohl. Knospen gegenständig grau oder gelblich, vielschuppig.
Strauch. Höhe 1-3 m, stark verzweigte Krone. In Gebüschen, an Waldrändern und in lichten Wäldern. Im Gebirge bis 1600 m.

Liguster, Rainweide *Ligustrum vulgare* Ölbaumgewächse *Oleaceae*
Blätter: Kreuzweise gegenständig, länglich lanzettlich, kurzgestielt, Länge 5-8 cm, ganzrandig, lederartig kahl. Oberseits dunkelgrün, unterseits heller, mit kräftig hervortretender Mittelrippe.
Blüten: Weiß oder gelblich-weiß, klein, vierteilig, in langen endständigen Rispen, auffallend riechend.
Früchte: Steinbeeren, zuerst grün, bei Reife schwarz, glänzend, kugelig, mit purpurrotem Fleisch, färbend, ungenießbar.
Zweige: Grünbraun bis graubraun mit hellen Korkwarzen, lang, rutenförmig, anfangs kurz behaart, später glatt.
Strauch, Höhe 1-4 m. In Wäldern, buschigen Hügeln, an Waldrändern.

Wolliger Schneeball *Viburnum rhytidophyllum* Geißblattgewächse *Caprifoliaceae*
Blätter: Gegenständig, länglich-eiförmig, 6-12 cm lang, ungelappt, fein gezähnt, runzelig-adrig. Oberseits dunkelgrün, unterseits grausternfilzig, gestielt, dicklich, weich. Auch am Stiel dicht graufilzig.
Blüten: Weiß, in gewölbten Doldenrispen, alle gleichastig und fruchtbar, dicht sternfilzig, glockig-radförmig. Wohlriechend. Mai, Juni.
Früchte: Beeren. Eiförmig zusammengedrückt, aufrecht, erst rot, später schwarz, mit flachem Steinkern. Ungenießbar.
Zweige: Gelbgrau, filzig mit gegenständigen, großen, unbeschuppten gelb-filzigen Knospen. Rinde graubraun, längsrissig, korkig.
Strauch. Höhe 1,25-5 m. Ästig, aufrecht wachsend. Gern auf Kalkböden und in sonnigen Lagen. An Waldrändern.

Heckenkirsche

Laubhölzer, Strauch oder Baum

Goldregen

Goldregen, Bohnenbaum *Laburnum anagyroides* Schmetterlingsblütler *Fabaceae*
Blätter: Wechselständig, langgestielt, dreizählig, kleeähnlich, 4-8 cm lang und 2-3,5 cm breit, Einzelblättchen ganzrandig, elliptisch. Oberseits dunkelgrün, unterseits graugrün.
Blüten: Schmetterlingsblüten, goldgelb, in bis zu 25 cm langen Blütentrauben hängend.
Früchte: Hülsen, knotig, an den Kanten wulstig, zuerst grün und anliegend seidenhaarig, später bräunlich-grau und fast kahl.
Zweige: Junge Zweige, Blütenstiele und Hülsen anliegend behaart. Mehrjährige Zweige glatt, grün, rutenförmig.
Strauch oder Baum. Höhe bis zu 6 m. Giftig! Liebt trockene, sonnige Hänge, gern auf kalkreichem Boden.

Besenginster *Cytisus scoparius* Schmetterlingsblütler *Fabaceae*
Blätter: Wechselständig, länglich bis verkehrt-eiförmig, fast sitzend, oder dreizählig, gestielt, ganzrandig, weich behaart, kleeförmig.
Blüten: Schmetterlingsblüten, einzeln oder zu zweien, blattwinkelständig, gelb, sehr groß, mit uhrenfederartig eingerolltem Griffel. Mai, Juni.
Früchte: Hülsen, flach, zuerst grün, bei der Reife braun bis schwarz, an den Nähten zottig bewimpert.
Zweige: Grün, scharfkantig, gefurcht, rutenförmig, Stämmchen bisweilen armdick. Äste straff aufrecht wachsend.
Strauch, Höhe 1-2 m. Liebt sonnige, trockene Standorte. In Wäldern, auf sandigen Heiden und kalkarmen Böden, an Wegrändern.

Buchsbaum, Buchs *Buxus sempervirens* Buchsbaumgewächse *Buxaceae*
Blätter: Gegenständig, immergrün, kurz gestielt, elliptisch, ganzrandig, am Rande umgebogen, an der Spitze stumpf oder eingebuchtet. Blattstiel gewimpert. Blatt lederartig. Oberseits glänzend grün, unterseits heller. Mittelrippe oberseits eingesenkt, unterseits scharf hervortretend.
Blüten: Gelblich, weiß, klein, wohriechend, in dichten Knäueln in den Blattachseln stehend.
Früchte: Dreihörnige, harte, zuerst grüne, später schwarzbraune Kapseln.
Zweige: Junge Zweige sind vierkantig. Rinde am jungen Stamm feinrissig, rauh, löst sich später in dünnen Lappen ab. Gelbbraun.
Strauch, buschig, kleiner Baum. Höhe 0,15-7 m. Mittelmeergebiet, in Deutschland an trockenen, kalkhaltigen Orten.

Buchsbaum

Pfaffenhütchen, Spindelstrauch *Euonymus europaeus* Spindelbaumgewächse *Celastraceae*
Blätter: Gekreuzt gegenständig, ei-lanzettlich, lang zugespitzt, 5-10 cm lang, bis 3,5 cm breit, Rand wellig gebogen, gekerbt-gesägt, kahl. Oberseits sattgrün, unterseits heller, im Herbst dunkelrot. Stiel rinnig.
Blüten: Gelbgrün, klein, mit vier schmalen Kronblättern in achselständigen, langgestielten Trugdolden. Mai bis Juni.
Früchte: Karminrote Kapseln, in vier Klappen aufspringend, mit stumpfen oder gekielten Kanten, enthalten vier Samen, eiförmig weißlich, von fleischigem, orangefarbenem Samenmantel umgeben. Giftig!
Zweige: Glatt, grün, vierkantig.
Strauch. Höhe 2-6 m. Auf kalkhaltigen Böden, an Waldrändern oder in lichten Wäldern. Giftig!

Weichselkirsche

Weichselkirsche, Steinweichsel, Felsenkirsche *Prunus mahaleb* Rosengewächse *Rosaceae*
Blätter: Wechselständig, eiförmig oder rundlich, gekerbt-gesägt, kahl, glänzend. Blattstiele ohne Drüsen. Oberseits dunkelgrün, unterseits blaßgrün. Mittelrippe behaart.
Blüten: Weiß, in zahlreichen aufrechten, gestielten Trauben. Wohlriechend. Am Grunde der Blütentrauben grüne Laubblätter. Mai.
Früchte: Steinfrüchte, erbsengroß, zunächst gelb, dann rot, reif schwarz, sehr herb, ziemlich saftarm, mit glattem Steinkern.
Zweige: Sparrig, überhängend, dunkelbraun, glatt. An älteren Ästen und am Stamm wird die Rinde längsrissig und borkig.
Strauch oder kleiner Baum. Höhe 2-10 m. Liebt mildes Klima, bevorzugt Kalkböden. In Bergwäldern.

Süßkirsche, Vogelkirsche *Prunus avium* Rosengewächse *Rosaceae*
Blätter: Wechselständig, länglich-verkehrt-eiförmig, zugespitzt, bis 15 cm lang. Blattstiele 1,5-5 cm lang, mit zwei großen, roten Drüsen, grob gesägt mit meist ganzrandigen Spitzen, dünn und schlaff. Oberseits dunkelgrün, unterseits heller. Blätter färben sich im Herbst rot.
Blüten: Weiß, langgestielt, zu zweit bis viert in sitzenden Dolden. Vor allem an den vorjährigen Kurztrieben. Wirken durchscheinend.
Früchte: Kugelig, reichlich erbsengroß, rot bis schwarz, glänzend, herbsüß mit hellem großen Steinkern. Verwendbar.
Zweige: Hellgrau bis braun, glänzend, glatt dick. Rinde an älteren Ästen und am Stamm rotgrau, später sich ringförmig ablösend.
Baum. Höhe bis 18 m. Dichtästige, hochangesetzte Krone. In Wäldern, Gebüschen, an Waldrändern und Bachufern.

Traubenkirsche, Ahlkirsche *Prunus padus* Rosengewächse *Rosaceae*
Blätter: Wechselständig, verkehrt eiförmig oder elliptisch, zugespitzt, fast kahl, doppelt gesägt, Sägezähne abstehend, Oberseits lebhaft grün, unterseits bläulichgrün, am Blattstiel zwei grüne Drüsen.
Blüten: Weiß, in reichblütigen, überhängenden, langen Trauben, eigenartig herb riechend. Hängen am Ende beblätterter Kurztriebe. April, Mai.
Früchte: Steinfrüchte, glänzend, schwarz, bittersüß, mit grubig gefurchten Steinen.
Zweige: Braun, bräunlichgrau, von besonderem Geruch. Rinde an älteren Ästen und am Stamm schwarzgrau.
Strauch oder Baum. Höhe bis 10 m. Krone tief ansetzend, dicht belaubt, etwas überhängend. Feuchte Wälder, Gebüsche, Waldränder.

Süßkirsche

Spätblühende Traubenkirsche *Prunus serotina* Rosengewächse *Rosaceae*
Blätter: Wechselständig, oval bis länglich-lanzettlich, zugespitzt, lorbeerähnlich, fein gezähnt, fast lederartig. Oberseits glänzend dunkelgrün, unterseits heller, auf der Mittelrippe rostrot behaart.
Blüten: Blütentrauben, schmal, aufrecht, bis 10 cm lang, später nickend, weiß. Juni.
Früchte: Kirschen. Erbsengroß, in traubigem Fruchtstand, erst rot, später bei der Reife schwarz, mit glattem Steinkern, eßbar.
Zweige: Braun bis braunrot, mit hellen Korkwarzen, kahl.
Baum, ohne Dornen, Höhe bis 35 m. Krone länglich, schmal.

Stechpalme

Laubhölzer, Strauch oder Baum

Färber-Ginster *Genista tinctoria* Schmetterlingsblütler *Fabaceae*
Blätter: Wechselständig, länglich-elliptisch, fast sitzend, 1-2,5 cm lang. Oberseits und unterseits blaßgrün, später im Sommer braungrün.
Blüten: Schmetterlingsblüten, goldgelb in endständigen Trauben, ährenförmig, ein bis drei Blüten in den Blattachseln, an den Zweigenden oft traubenartig gehäuft. Kelch und Krone kahl.
Früchte: Hülsen, zuerst grün, später braun bis schwarz, länglich, 25-30 mm lang. In den Hülsen viele bräunliche Samen.
Zweige: Besenartig verzweigt, grün bis graugrün, gefurcht, rutenförmig, dornenlos.
Aufrechter, buschiger Strauch. Höhe 0,3-1,7 m. Auf trockenen Wiesen, Triften, in Wäldern, Waldlichtungen, an Waldrändern. Liebt warmen, trockenen, leichten Boden. Verbreitet sich schnell und unterdrückt dabei jeden anderen Pflanzenwuchs.

Englischer Ginster *Genista anglica* Schmetterlingsblütler *Fabaceae*
Blätter: Wechselständig, lineal-länglich an den unfruchtbaren Ästen, an den blütentragenden Ästen oval, 6-8 mm lang. Grün bis blaugrün, fiedernervig.
Blüten: Schmetterlingsblüten, goldgelb, Blütenstand traubig. Deckblätter laubblattartig, oval, länger als der Blütenstiel. Mai, Juni.
Früchte: Hülsen, länglich, zuerst grün, bei der Reife braun bis schwarzbraun. Samen braun bis schwarz.
Zweige: Niederliegend, aufsteigend oder aufrecht. Junge Zweige grün, später braun.
Strauch. Höhe 10-80 cm. Bevorzugt sonnige Standorte und leichte bis sandige Böden. Nässeempfindlich. In lichten Wäldern, Heiden.

Stechpalme, Hülse *Ilex aquifolium* Stechpalmengewächse *Aquifoliaceae*
Blätter: Wechselständig, immergrün, lederartig, buchtig, gezähnt, in einen Dorn endigend, 3-7 cm lang, an den oberen Zweigen oft ganzrandig, gewellt. Oberseits dunkelgrün, glänzend, unterseits hellgrün, matt.
Blüten: Weiß, klein, kurzgestielt, in achselständigen Büscheln, schwach wohlriechend, vierzipfelig. Mai, Juni.
Früchte: Beeren, zuerst grün, bei der Reife scharlachrot. Gut erbsengroß, mit vier bis fünf harten, einsamigen Steinkernen. Nicht eßbar.
Zweige: In der Jugend glatt, gelb-grün, später braun. Am Stamm und an älteren Ästen wird die Rinde dunkelbraun und rissig.
Strauch oder Baum. Höhe 1-7 m. Liebt leichtere, kalkhaltige Böden. In den Alpen bis 1200 m. Schattenverträglich, etwas frostempfindlich.

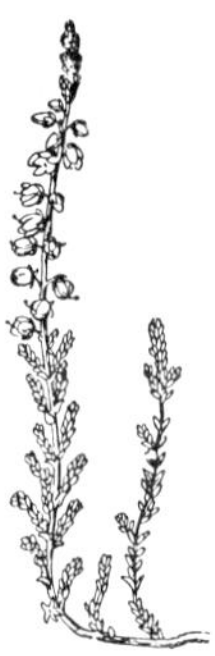

Heidekraut

Heidekraut, Besenheide *Calluna vulgaris* Heidekrautgewächse *Ericaceae*
Blätter: Kreuzweise gegenständig, dachziegelartig in vier Längsreihen sich deckend, sehr klein, nadelförmig, ei-länglich, im Sommer dunkelgrün, im Winter braunrot.
Blüten: Klein, violettrosa, kurz gestielt, an den Enden der Zweige. Juli - September.
Früchte: Samen in vierfächerigen Kapseln.
Zweige: Kahl oder samtartig behaart. Niederliegend oder aufstrebend, reich verästelt, grün, später braun.
Zwergstrauch, Höhe 10-50 cm. Bevorzugt armen Sand- und Moorboden, meidet Kalk. Ist sehr lichtbedürftig. In der Ebene und im Gebirge, auf Hochmooren, in Kieferwäldern, auf weiten Flächen « Heiden » bildend.

Rotbuche

Rotbuche *Fagus silvatica* Buchengewächse *Fagaceae*
Blätter: Wechselständig, dunkelgrün, spitz-eiförmig, mit welligem, nach der Spitze zu buchtig gezähntem Rand, kurz gestielt, Nebenblätter 2-3 cm lang, dünnhäutig. Die Oberseite ist dunkelgrün, glänzend. Unterseits blasser gefärbt. In der Jugend weichhaarig gewimpert.
Blüten: Männliche Blütenstände fast kugelig, langgestielt, hängend, weibliche aufrecht in den Achseln der Laubblätter.
Früchte: Bucheckern, scharf dreikantig, braun in stachliger Fruchthülle. Vor dem Verzehr der Bucheckern wird gewarnt!
Zweige: Äste dicht gezweigt. Rinde glatt, weißgrau, Holz rötlich.
Baum. Höhe 25-30 m. Bis 1300 m hinaufsteigend. Sommergrün.

Blutbuche *Fagus silvatica purpurea* Buchengewächse *Fagaceae*
Blätter: Wechselständig, braunrot, spitz-eiförmig, mit welligem, mitunter nach der Spitze zu buchtig gezähntem Rand, kurz gestielt. Nebenblätter 2-3 cm lang, dünnhäutig. Oberseite rotbraun, glänzend, Unterseite blasser gefärbt. In der Jugend weichhaarig gewimpert, später kahl.
Blüten: Männliche Blütenstände fast kugelig, langgestielt, hängend, weibliche aufrecht in den Achseln der Laubblätter.
Früchte: Bucheckern, scharf dreikantig, braun in stachliger Fruchthülle.
Zweige: Äste dicht gezweigt. Rinde glatt, weißgrau.
Baum. Höhe 25-30 cm. Meist als Parkbaum.

Heidelbeere, Blaubeere, Bickbeere *Vaccinium myrtillus* Heidekrautgewächse *Ericaceae*
Blätter: Wechselständig, länglich eiförmig spitz, am Grunde stumpf, abgerundet. Fein gekerbt-gesägt. Beiderseits grün, kahl, ganz kurz gestielt, 1,5-2 cm lang, dünnes Blatt.
Blüten: Grün, rötlich überlaufen, kugelig-krugförmig gestielt, nickend, meist einzeln in den Blattachseln, vier bis fünf zurückgebogene Zähnchen.
Früchte: Beeren, schwarzblau, bereift, etwa erbsengroß, eßbar, saftig, wohlschmeckend. Saft stark rot färbend. Ab Juli reif.
Zweige: Junge Zweige grün, ältere braungrün gefärbt, aufrecht bis leicht hängend, stark verzweigt, kantig.
Halbstrauch. Höhe 15-30 cm. Lichte Wälder, auf Waldwiesen und Heiden. Gedeiht auf sandigen und moorigen Böden.

Preiselbeere, Kronsbeere, Grantl *Vaccinium vitis idaea* Heidekrautgewächse *Ericaceae*
Blätter: Wechselständig, verkehrt-eiförmig oder elliptisch, stumpf, oder undeutlich gekerbt, am Rande etwas zurückgerollt, lederartig. Oberseits dunkelgrün, unterseits hellgrün, braun-drüsig-punktiert.
Blüten: Rötlich oder weiß, nickend, in kleinen, zweigendständigen Trauben krug- oder glockenförmig, vier- bis fünfzählig. Blütezeit Mai bis Juni.
Früchte: Beeren, kugelig dunkelrot bis scharlachrot, oben den Rest des Kelches tragend, vier- bis fünffächerig, vielsamig, eßbar, herbsüß.
Zweige: Grünrindig, kurzfilzig, aufrecht wachsend und spärlich verzweigt.
Zwergstrauch, Halbstrauch, immergrün, pyramidal wachsend, wenig verzweigt. Die Beeren reifen bis August, September. Auf trockenen Sand, Heide- und Moorböden, in sonnigen Lagen.

Heidelbeere

Silberpappel

Silberpappel, Weißpappel *Populus alba* Weidengewächse *Salicaceae*
Blätter: Wechselständig, verschieden geformt, winkelig gezähnt, dreibis fünflappig oder rundlich-eiförmig, ca. 4-10 cm lang und 3-4 cm breit. Blattoberseite dunkelgrün glänzend, unterseits schneeweiß-filzig.
Blüten: Kätzchen hängend, weiß mit rostfarbenen Flecken, schwach gewimpert. Narben der weiblichen Blüte gelblichgrün bis rosa. Blüten erscheinen vor den Blättern.
Früchte: Kapselfrüchte, dick, spitz, hellbraun, kahl, aufgesprungen mit zurückgekrümmten Klappen. Samen hellbraun, länglich birnenförmig.
Zweige: Grau oder weißfilzig. Rinde am Stamm und älteren Ästen weißgrau und glatt. Im Alter schwärzlichgraue Borke, längsfurchig. Baum. Höhe 30 m. In feuchten Wäldern, an Flußufern.

Kanada-Pappel *Populus canadensis* Weidengewächse *Salicaceae*
Blätter: Wechselständig, größer als die der Schwarzpappel, fast dreieckig geformt, am Blattgrund gerade, kerbig gesägt, kurz bewimpert. Oberseits sattgrün bis bläulich, unterseits heller.
Blüten: Zweihäusig. Die Kätzchen ähneln denen der Schwarzpappel, die Narben der weiblichen Blüten sind hellgrün, am Rande purpurn. März, April.
Früchte: Kapseln und Samen ähnlich denen der Schwarzpappel.
Zweige: Zuerst gelblich grün, an älteren Ästen graubraun und am Stamm längsfurchige, graue Borke.
Baum. Höhe bis 50 m. Lichtbedürftig, windbruchgefährdet. Heimat Nordamerika, bei uns in Flußauen oder feuchteren Standorten angepflanzt.

Zitterpappel, Aspe, Espe *Populus tremula* Weidengewächse *Salicaceae*
Blätter: Wechselständig, eiförmig bis fast kreisrund, grob und unregelmäßig gezähnt, kahl. Oberseits sattgrün und glänzend, unterseits hellgrün. An langen, plattgedrückten Stielen.
Blüten: Kätzchen, hängend, langwalzig, Kätzchenschuppen dunkelbraun, tief eingeschnitten, zottig gewimpert, Staubbeutel und Narben purpurrot. März, April, erscheinen vor den Blättern.
Früchte: Kapselfrüchte. Grünlichbraun, zweilappig, schlank, langgestielt. Samen gelbliche, runde Nüßchen mit weißwolligem Schopf.
Zweige: Braun, glänzend, ältere Zweige und Äste grau. Rinde am Stamm gelblichgrau und glatt, im Alter durchbrochen. Baum. Höhe 30 m. Sehr lichtbedürftig. Frosthart, anpassungsfähig. Häufig in Wäldern, Gebüschen, an Ufern.

Schwarzpappel

Schwarzpappel *Populus nigra* Weidengewächse *Salicaceae*
Blätter: Wechselständig, oft büschelig, lang gestielt, dreieckig, ca 5-7 cm lang, 3-6 cm breit. Bogenförmig gesägt, kahl, etwas glänzend, oberseits dunkelgrün, unterseits heller.
Blüten: Männliche Kätzchen dick-walzig, hängend, mit purpurroten Staubbeuteln, weibliche schlanker, mit gelblichen Narben. März, April, vor den Blättern.
Früchte: Kapselfrüchte. Dick, spitz, grünlichbraun, deutlich gestielt, seidenhaarig. Samen hellbraun bis braun.
Zweige: Jüngere Zweige und Äste hellgelblich. Rinde am Stamm zuerst grauweiß, später tiefrissige, schwärzliche Borke.
Baum, Höhe 15-35 m. Sehr lichtbedürftig. In Wäldern, an Ufern.

Laubhölzer, Strauch oder Baum

Grauerle

Weißbirke, Hängebirke *Betula pendula* Birkengewächse *Betulaceae*
Blätter: Wechselständig, dünn, grob doppelt gesägt, am Grunde ganzrandig, lang zugespitzt, Blattstiel 2-3 cm. Oberseits lebhaft grün, unterseits hellgrün. Jung behaart, klebrig, später kahl, angenehm riechend.
Blüten: Die Kätzchen sind ungestielt walzlich, dick. Männliche braun, schlaff hängend, weibliche grün, aufrecht. Erscheinen schon im Herbst des Vorjahres.
Früchte: Zäpfchen, dickwalzig, braun, zerfallen im Herbst unter Zurücklassen der Spindel. Samennüßchen beiderseits geflügelt.
Zweige: Junge Zweige warzig und rauh, ältere Zweige glatt. Rinde weiß bis bräunlich, früh in schwarzrissige Borke übergehend.
Baum, selten Strauch, Höhe 3-20 m, Wuchs schlank, aufrecht, Krone locker. In Laub- und Nadelwäldern eingesprengt. Trockene Orte. Meidet reine Kalk und Moorböden.

Schwarzerle, Roterle *Alnus glutinosa* Birkengewächse *Betulaceae*
Blätter: Wechselständig, rundlich, oben meist eingebuchtet, ungleich gesägt bis doppeltgezähnt, kahl. Oberseits dunkelgrün, unterseits blaugrün, in den Blattwinkeln rostfarben. 5-8 Nervenpaare.
Blüten: Männliche und weibliche Blüten auf demselben Trieb. Männliche mit violettbraunen Deckschuppen und gelben Staubbeuteln, weibliche mit roten Narben.
Früchte: Zäpfchen, eiförmig, unreif graugrün und klebrig, reif dunkelbraun und holzig. Samennüßchen glänzend braun, flach.
Zweige: Junge Triebe kahl, klebrig, aromatisch. Rinde schwarzbraun.
Baum. Höhe bis 25 m. Stamm mit waagerechten dünnen Ästen, locker belaubt. Feuchte Wälder, Ufer, Sümpfe. Sommergrün.

Grauerle, Weißerle *Alnus incana* Birkengewächse *Betulaceae*
Blätter: Wechselständig, eiförmig-elliptisch, spitz, am Grunde meist abgerundet, doppelt gesägt. Oben dunkelgrün, unterseits graugrün, meist behaart, 8-10 Seitennerven.
Blüten: Einhäusig. Die Kätzchen ähneln denen der Schwarzerle, jedoch sind die weiblichen Kätzchen kurzgestielt. April, Mai.
Früchte: Zapfen, fast sitzend. Zuerst grün, später bei der Reife braun bis schwarz. Nüßchen ungeflügelt.
Zweige: Einjährige Zweige haarig, grau, später Rinde graubraun bis silbergrau, glatt, glänzend. Im Alter Rinde etwas rissig.
Baum. Höhe bis 20 m. Anspruchslos, anpassungsfähig, frosthart. In moorigen Wäldern, an sumpfigen Flußufern.

Grünerle, Bergerle *Alnus viridis* Birkengewächse *Betulaceae*
Blätter: Wechselständig, ähnlich denen der Schwarzerle, aber oben zugespitzt und nur halb so groß, eiförmig bis elliptisch, mit breitkeilförmigem bis schwach herzförmigem Grund, grob doppelt gesägt. Oberseits dunkelgrün, unterseits heller, kahl.
Blüten: Männliche Kätzchen zu zweit oder dritt, ungestielt, dick, erscheinen schon im Sommer des Vorjahres, anfangs grünlich, dann violettbraun. Weibliche Blüten langgestielt, grün, klebrig.
Früchte: Zäpfchen, kleiner und heller als die der Schwarzerle.
Zweige: Hellgrün oder graurötlich, mit hellen Korkwarzen, Rinde glatt, dunkelaschgrau mit bräunlichen Korkwülsten.
Baum- oder strauchartig, an Bächen, Flußufern, besonders in höheren Lagen und Gebirgen, Höhe 1-4 m.

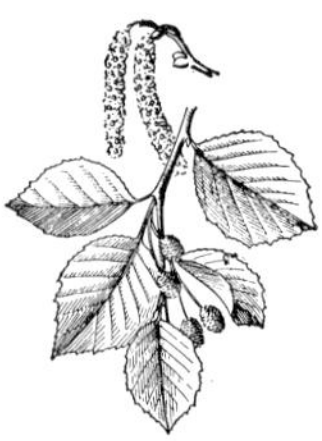

Grünerle

Hainbuche

Laubhölzer, Strauch oder Baum

Hainbuche, Weißbuche, Hagebuche *Carpinus betulus* Birkengewächse *Betulaceae*·
Blätter: Wechselständig, länglicheiförmig, am Grunde abgerundet bis herzförmig zugespitzt, kurzgestielt. Blatt scharf doppelt gesägt, oberseits sattgrün, kahl, unterseits heller.
Blüten: Männliche Kätzchen walzig blaßgrün bis rötlich, hängend, weibliche Kätzchen grün, endständig, hängend, mit zwei blaßroten Narben.
Früchte: Nüßchen einsamig in dreilappigen, grünen oder später braunen Flügeln.
Zweige: Junge Triebe drüsig behaart, Zweige grau oder schwarzbraun. Knospen streng zweizeilig angeordnet, vielschuppig braun oder grün. Baum oder Strauch. Höhe 7-24 m. Krone unregelmäßig dicht be blättert. In Laubwäldern. Sommergrün.

Eßkastanie, Edelkastanie *Castanea sativa* Buchengewächse *Fagaceae*
Blätter: Wechselständig, länglich-lanzettlich, zugespitzt, ca. 10-18 cm lang, am Rande gesägt, lederartig, kahl. Oberseits glänzend dunkelgrün, unterseits blaßgrün, 15-20 Nervenpaare, unterseits hervortretend.
Blüten: Männliche Kätzchen aufrecht, perlschnurförmig, gelblich, weibliche Blütenknäuel in grüner, vielschuppiger Hülle mit weißlichen Narben.
Früchte: Kastanien (Maronen) braun, glänzend, meist einsamig zugespitzt, kantig. In stachligem, bräunlichgelbem, vierlappig aufspringendem Fruchtbecher. Früchte eßbar.
Zweige: Zuerst grünbraun, später rotbraun, kantig, Mark fünfeckig. Knospen spiralig angeordnet, spitz-eiförmig, rötlich oder grau bestäubt. Baum, Höhe 15-35 m, Krone gleichmäßig geformt, dicht beblättert. Verlangt zur Fruchtreife mildes Rebenklima. Frostempfindlich.

Bergulme, Bergrüster *Ulmus glabra* Ulmengewächse *Ulmaceae*
Blätter: Wechselständig, groß, breit-eiförmig, lang zugespitzt, 8-16 cm lang, doppelt gesägt dünnhäutig. Oberseits dunkelgrün, unterseits etwas heller, beiderseits rauh. Blattgrund oft fast symmetrisch.
Blüten: Grün-rötlich, vor den Blättern erscheinend, groß, kurzgestielt, büschelig. März, April.
Früchte: Ähnlich wie bei der Feldulme, aber Nüßchen in der Mitte des häutigen Flügels.
Zweige: Junge Zweige behaart. Rinde braun.
Baum. Höhe 10-30 m. In der Ebene, im Hügelland und im Gebirge bis 1300 m. Auch als Park- und Allebaum.

Bergulme

Feldulme, Feldrüster *Ulmus carpinifolia* Ulmengewächse *Ulmaceae*
Blätter: Wechselständig, eiförmig, kurz zugespitzt, 6-10 cm lang, ganz kurz gestielt, doppelt gesägt, derb. Oberseits grün, glatt oder rauh, unterseits hellgrün, in den Nervenwinkeln behaart oder kahl.
Blüten: Vor den Blättern erscheinend, grün-rötlich, büschelig, fast sitzend. März April.
Früchte: Kahl, drei- bis viersamig, im oberen Teil des häutigen Flügels, fast stiellos.
Zweige: Junge Zweige kahl, bräunlich, später am Stamm und älteren Ästen rechteckig zerklüftete, dunkelbraune Borke.
Baum. Höhe 4-10 m, mit breiter, reichästiger Krone, locker belaubt.

Winterlinde

Laubhölzer, Strauch oder Baum

Sommerlinde *Tilia platyphyllos* Lindengewächse *Tiliaceae*
Blätter: Wechselständig, schief-herzförmig, oder schief-dreieckig, zugespitzt, mittellang gestielt, ungleich spitz-gesägt, Blattstiel behaart! Blatt oberseits dunkelgrün, unterseits heller, gebärtet.
Blüten: Hellgelb, in zwei- bis fünfblättrigen Trugdolden, hängend, auf einem stumpf-lanzettlichen, dünnen Flugblatt. Blüten größer als die der Winterlinde. Juni. Duftend.
Früchte: Nüßchen mit vier bis fünf starken Längsrippen, gelblich, mit den Fingern nicht zerdrückbar.
Zweige: In der Jugend mehr oder weniger stark behaart, verschieden gefärbt. Rinde zuerst glatt, im Alter flachrissig.
Baum. Höhe bis 30 m. Frostempfindlich. Liebt humose, nährstoffreiche, nicht zu trockene Böden. In Laubwäldern, an Alleen.

Winterlinde *Tilia cordata* Lindengewächse *Tiliaceae*
Blätter: Wechselständig, schief-herzförmig, oder schief-dreieckig, zugespitzt, mittellang gestielt, ungleich spitz-gesägt. Oberseits sattgrün, unterseits matt blaugrün, beiderseits kahl, in den Nervenwinkeln rostgelbe Bärtchen. Blattstiel kahl!
Blüten: Weingelb, duftend, in 5-11 meist hängenden Trugdolden auf einem stumpf-lanzettlichen, dünnhäutigen Flugblatt.
Früchte: Nüßchen, undeutlich kantig, dünnschalig, leicht zerdrückbar.
Zweige: Olivgrün bis rotbraun, glänzend, kahl, mit schwärzlichen rundlichen Rindenporen. Rinde in der Jugend glatt, im Alter dunkel, netzförmig aufgerissene Borke.
Baum. Höhe bis 25 m. Liebt tiefgründigen, kräftigen Boden. In Ebene und Hügelland.

Baum-Hasel *Corylus colurna* Birkengewächse *Betulaceae*
Blätter: Breit eiförmig, an der Basis herzförmig, fast gelappt. Länge 7-15 cm. Breite 5-10 cm, gekerbt bis gesägt. Oberseits dunkelgrün, unterseits hellgrün. Blattnerven behaart.
Blüten: Männliche Blüten in länglichen Kätzchen, über 10 cm lang, Getrenntgeschlechtlich, auf derselben Pflanze. März, April.
Früchte: Nuß rundlich. Die Fruchthülle ist tief geteilt in viele fädig wirkende Teilchen.
Zweige: Durchgehender Schaft. Junge Zweige drüsenhaarig. Bereits bei den einjährigen Zweigen ist die Rinde durch Längsrisse in viele unregelmäßige Flächen aufgeteilt.
Hoher Strauch, meist baumartig. Höhe 5-15 m. Heimat östliches Südeuropa. Meist angepflanzt. Sommergrün.

Haselnuß, Hasel *Corylus avellana* Birkengewächse *Betulaceae*
Blätter: Wechselständig, rundlich bis herzförmig zugespitzt, kurz gestielt, doppelt gesägt, unterseits stark hervortretendes Adernetz, dieses und Blattstiele drüsig behaart. Oberseits dunkelgrün, unterseits heller.
Blüten: Männliche Kätzchen zu zweit bis viert an Kurztrieben, erscheinen vor den Blättern, goldgelb, hängend, erscheinen schon im Sommer des Vorjahres. Weibliche Blüten zu zweit bis fünft in Hüllen mit roter Narbe. Februar bis April.
Früchte: Nüsse, braun, am Grunde hell, hartschalig, von grüner, am Rand zerschlitzter Hülle umgeben. Nußkern wohlschmeckend.
Zweige: Grau, drüsig behaart, oft rotborstig. Knospen dick, glänzend, kahl, etwas zusammengedrückt, hellbraun, seitlich abstehend.
Strauch oft baumartig. Höhe 5-15 m. Aufrechter Wuchs.

Baum-Hasel

Holzbirne

Schwarzdorn, Schlehe, Schlehdorn *Prunus spinosa* Rosengewächse *Rosaceae*
Blätter: Wechselständig, elliptisch, scharf gesägt, kurz gestielt, jung eingerollt und flaumhaarig, später kahl, oberseits glänzend dunkelgrün, unterseits blaßgrün.
Blüten: Weiß, erscheinen vor oder mit den Blättern, in vielen kleinen, aufrechten oder leicht abstehenden, am Grunde beblätterten Trauben. Wohlriechend. April, Mai.
Früchte: Steinfrüchte, etwa erbsengroß, kugelig, aufrecht, schwarzblau bereift, sind erst nach dem Frost genießbar, saftarm, sehr herb.
Zweige: In spitzen Dornen auslaufend, jüngere Zweige filzig behaart, später kahl, Rinde rußig-schwärzlich.
Dornstrauch, Höhe, 2-3 m, mit sperriger, stark verzweigter Krone. An Waldrändern, Hecken.

Holzbirne, Wildbirne *Pyrus communis* Rosengewächse *Rosaceae*
Blätter: Wechselständig, spitz-eiförmig, fein gesägt, Oberseits dunkelgrün, glänzend. Unterseits hell graugrün, kahl, langer Blattstiel.
Blüten: Weiß, am Ende belaubter Kurztriebe, Staubgefäße rot.
Früchte: Langgestielt, am Stielansatz nicht vertieft, rundlich grün bis gelb, oft rötlich überlaufen, hart, sehr herb. Die Kerne sind flach und dunkelbraun.
Zweige: Graubraun, lang, meist überhängend. Knospen spiralig angeordnet. Die Triebe enden entweder mit einer Knospe oder mit einem Dorn. Zweige sonst dornenlos und kahl. Knospen seitlich abstehend. Sperrig verzweigter Strauch oder Baum mit geradem, schlankem Stamm. In Hecken, Gebüschen, an Waldrändern.

Kreuzdorn *Rhamnus cathartica* Kreuzdorngewächse *Rhamnaceae*
Blätter: Schief gegenständig, teils gebüschelt stehend, eilanzettlich zugespitzt, 3-6 cm lang, fein gesägt, ziemlich kahl, oberseits grün, unterseits hellgrün mit beiderseits bogig verlaufenden Seitennerven.
Blüten: Gelblichgrün, Blütenbüschel achselständig in büscheligen Trugdolden, unscheinbar, vierzählig.
Früchte: Beeren, erbsengroß, zuerst grün, später ausgereift schwarz, mit meist vier einsamigen Steinen, Kapselschale dünn, leicht zerdrückbar, Früchte ungenießbar.
Zweige: Sparrig abstehend, mit end- und gabelständigen Dornen. Rinde zuerst silbergrau, später schwärzlich.
Strauch oder Baum, Höhe 2-8 m, aufrecht sperrig wachsend. Liebt steinigen kalkhaltigen Boden. In Ebene und Hügelland.

Mandelweide

Mandelweide *Salix amygdalina* Weidengewächse *Salicaceae*
Blätter: Wechselständig, länglich-lanzettlich, spitz oder zugespitzt, 5-8 cm lang, 1-2 cm breit, fein gesägt, kahl, glänzend. Oberseits dunkelgrün, unterseits grün oder blaugrau, fiedernervig.
Blüten: Kätzchen dünn, zylindrisch, Kätzchenschuppen ganzrandig, nicht vor der Reife abfallend, Narben dicht ausgerandet, Fruchtknoten kahl, gestielt, Stielchen zwei- bis dreimal so lang wie die Drüse. April - Mai.
Früchte: Klein, unscheinbar, bald abfallend.
Zweige: Zäh, nicht brüchig, kahl, einjährige Triebe oliv oder rötlichbraun. Später verwandelt sich die Rinde in graubraune Borke, die sich wie bei den Platanen schuppig ablöst.
Strauch, selten Baum. Höhe 1,5-4 m. An Flußufern, feuchten Wiesen.

Silberweide

Trauerweide *Salix babylonica* Weidengewächse *Salicaceae*
Blätter: Wechselständig, lanzettlich, 17,5 cm lang, 2,5 cm breit, am Grunde spitz, scharf gesägt, zugespitzt, anfangs dünn seidenhaarig, später kahl. Oberseits dunkelgrün glänzend, unterseits graugrün, deutlich geadert, fiedernervig.
Blüten: Kätzchen dünn, zylindrisch, zwei Staubbeutel, Fruchtknoten kahl, Narben sind auffallend dick, seitwärts gebogen. April, Mai.
Früchte: Klein, bräunlich, unscheinbar.
Zweige: Erst leicht behaart, später kahlwerdend, gelbgrün oder braungrün, sehr lang, schlank, überhängend.
Baum. Höhe bis 10 m, mit schlankem, glattem Stamm und breiter, voller, hängender Krone, Äste oft bis auf den Boden hängend. Heimat Orient. Gärten, Parks, Friedhöfe.

Salweide, Palmweide *Salix caprea* Weidengewächse *Salicaceae*
Blätter: Wechselständig, länglich bis breitoval, 5-10 cm lang, 3-6 cm breit, mit kurzer, zurückgekrümmter Spitze, fast ganzrandig oder schwach wellig gekerbt, jung seidig-glänzend, später kahl, oberseits dunkelgrün, unterseits blaugrau.
Blüten: « Palmkätzchen », glänzend silberweiß, männliche dick-eiförmig, Staubbeutel goldgelb, angenehm nach Honig duftend, weibliche grünlich, zylindrisch, März, April. Vor den Blättern.
Früchte: Kapseln, lang lanzettlich, graufilzig, in zwei Klappen aufspringend. Samen am Grunde mit weißen Haarbüscheln, sehr klein.
Zweige: Olivbraun bis rotbraun, haarig, ältere kahl glänzendbraun oder graugrün. Rinde später breitrissig, borkig.
Strauch oder Baum. Höhe 2-9 m, mit sparriger Krone, an Waldrändern, in lichten Waldungen.

Silberweide, Weißweide *Salix alba* Weidengewächse *Salicaceae*
Blätter: Wechselständig, lanzettlich, 6-10 cm lang, 1-15 cm breit, feindrüsig gesägt, oberseits hell- bis dunkelgrün, unterseits seidenhaarig, silberweiß. Blattstiel ohne Höcker.
Blüten: Männliche Kätzchen aufrecht oder bogig, zylindrisch, 6 cm lang, weibliche 5 cm lang, zwei Staubbeutel, gelb. Sehr dichtblütig. April, Mai.
Früchte: Kapselfrüchte, graufilzig, sitzend, ei-kegelförmig, mit nach auswärts gebogenen Klappen. Same klein mit weißem Haarschopf.
Zweige: Braun oder gelb, biegsam, nicht abbrechend, einjährige meist dauernd seidenhaarig. Rinde glatt. Borke am Stamm bräunlich-grau, längs-und tiefrissig.
Baum. Höhe 6-25 m. Krone vielästig und fein verzweigt. Auf feuchten, tiefgründigen Böden. Feuchte Wiesen, Ufer, Wege.

Uferweide

Uferweide *Salix incana* Weidengewächse *Salicaceae*
Blätter: Wechselständig, linealisch-lanzettlich, lang zugespitzt, 12 cm lang und 1 cm breit, ungleich drüsig gesägt, wellig. Oberseits dunkelgrün, mit vertieften Nerven, unterseits heller, graufilzig.
Blüten: Kätzchen meist vor den Blättern, fast sitzend, mit gelben Schuppen. Fruchtknoten deutlich gestielt. April, Mai.
Früchte: Klein, unscheinbar, bald abfallend.
Zweige: Schlankrutig, aufrecht bis hängend, dünn und brüchig, gelb oder rotbraun, etwas glänzend. In der Jugend graufilzig.
Strauch, selten Baum. Höhe 1-6 m. Liebt feuchte Böden, an steinigen Flußufern und feuchten Gebirgsstellen, oft angepflanzt.

Schlinger und Ranker

Echte Waldrebe

Echte Waldrebe, Gemeine Waldrebe *Clematis vitalba* Hahnenfußgewächse *Ranunculaceae*
Blätter: Gegenständig, unpaarig, gefiedert, meist fünf Teilblättchen, das untere Paar oft drei Teilblättchen, gestielt, oft ganzrandig, herz- oder eiförmig zugespitzt, eingeschnitten gezähnt. Oberseits dunkelgrün, unterseits heller grün.
Blüten: In achselständigen und endständigen Trugdolden, Blumenkrone fehlend, grünlich, innen weiß, wohlriechend. Juni - August.
Früchte: Nüßchen, klein, braun, mit zottigem Schnabel.
Zweige: Stengel anfangs grün bis grünbraun, elastisch, später kantig, verholzend, ranken sich mit den Blattstielen an Bäumen und Sträuchern hoch, bis zu 12 m.
Klimmender Strauch, Stämmchen grauberindet, knotig verdickt.

Wald-Geißblatt *Lonicera periclymenum* Geißblattgewächse *Caprifoliaceae*
Blätter: Gegenständig, oval oder verkehrt-eiförmig, kurzgestielt, die obersten sitzend, 4-6 cm lang, ganzrandig. Oberseits dunkelgrün, unterseits blaugrün, schwach behaart.
Blüten: Gelblich-weiß, rötlich überlaufen, außen behaart, an den Zweigenden köpfig gehäuft, gestielt, vielblütig, zweilippig. Juni - August.
Früchte: Beeren, rot, rundlich, an den Zweigenden gehäuft, glänzend.
Zweige: Stengel behaart oder kahl, anfangs grün, später gelblichbraun, schlingend.
Schlingender Strauch mit rechtswindenden Stengeln, bis 10 m hoch kletternd. An Waldrändern, Hecken, in Gebüschen.

Efeu *Hedera helix* Efeugewächse *Araliaceae*
Blätter: Wechselständig, immergrün, sehr verschieden gestaltet, langgestielt, kahl, lederartig, ganzrandig. Oberseits glänzend dunkelgrün, oft weiß geadert, unterseits matt hellgrün. An Langtrieben spitz drei- bis fünflappig, mit herzförmigem Grund, an Blütentrieben ei-rautenförmig, nicht gelappt.
Blüten: Grünlich-gelb, halbkugelig in kleinen Dolden.
Früchte: Beeren, blauschwarz, Früchte erbsengroß, kugelig mit meist fünf einsamigen Kernen, erst im zweiten Jahr reifend, ungenießbar.
Zweige: Dunkelpurpurrot bis braun. Stark verästelt, mit Saugwurzeln kletternd an Bäumen, Mauern und am Waldboden.
Kletterstrauch, Höhe bis 15 m. In schattigen Wäldern.

Nachtschatten

Nachtschatten, Bittersüß *Solanum dulcamara* Nachtschattengewächse *Solanaceae*
Blätter: Langgestielt, wechselständig, länglich-eiförmig, am Grunde oft herzförmig. Das oberste Blatt ist spießförmig oder geöhrt, dreizählig. Die Blätter sind kahl. Blattoberseite dunkelgrün, Blattunterseite hellgrün.
Blüten: Violett, am Grunde grünlich gefleckt, selten weiß. Stehen in einer Doldentraube. Die Blütenblätter sind sternförmig angeordnet.
Früchte: Rot und eiförmig. Der Geschmack ist süßlich bitter. Beeren stark giftig! Vorsicht bei Kindern.
Zweige: Triebe sind grün und kahl, sehr elastisch.
Halbstrauch, klettert an Zäunen und an Waldsträuchern und Pflanzen bis etwa in 3 Meter Höhe. An Ufern, in feuchten Gebüschen, an Waldrändern, an Wegen, überall häufig. Giftig!

Nadelhölzer, Strauch oder Baum

Tanne

Tanne, Weißtanne, Edeltanne *Abies alba* Kieferngewächse *Pinaceae*
Blätter: Nadelförmig, einzelstehend, flach, vorn ausgerandet, 2-3 cm lang, bis 2,5 mm breit, mit schräger Fußscheide aufsitzend, Nadeln glänzend, oberseits dunkelgrün, unterseits mit zwei bläulich-weißen Längsstreifen, Nadeln bleiben 8-11 Jahre.
Blüten: Männliche Blüten als gelbe Kätzchen, zylindrisch, jede in der Achsel einer Nadel, weiblich blaßgrün, aufrecht, fast nur in der Wipfelzone. Mai.
Früchte: Zapfen. Wie Kerzen aufrechtstehend, 10-16 cm lang, 3-5 cm dick, walzlich, fallen bei Reife nicht ab; die Frucht- und Deckschuppen fallen einzeln ab.
Zweige: Flach ausgebreitet, kaum hängend. Rinde anfangs glatt und braun, später weißgraue, in eckigen Schuppen abblätternde Tafelborke.
Baum. Höhe bis 65 m, mit schlanker, kegelförmiger Krone, geradem Stamm. In Wäldern, besonders im Gebirge. Immergrün.

Nordmannstanne *Abies nordmanniana* Kieferngewächse *Pinaceae*
Blätter: Nadelförmig, breit, bürstenartig, 20-30 mm lang, 1,5-2,25 mm breit, am Ende eingeschnitten, zweispitzig erscheinend, glänzend, beiderseits grün.
Blüten: Klein, unscheinbar. Mai, Juni.
Früchte: Zapfen. Aufrecht angeordnet, 12-15 cm lang, 5 cm dick. Deckschuppen vorragend, ungebogen, hellbraun bis braun.
Zweige: Kräftig, straff wachsend, unregelmäßig verzweigt.
Baum. Höhe 10-30 m, Heimat Kaukasus und Kleinasien. In Parks oft angepflanzt.

Douglas-Tanne, *Douglas-Fichte* *Pseudotsuga taxifolia* Kieferngewächse *Pinaceae*
Blätter: Nadelförmig, meist zweireihig, 18-35 mm lang, 1,5 mm breit, stumpf, oder zugespitzt, flach, nicht stehend, wohlriechend. Oberseits glänzend, lebhaft grün, unterseits matt graugrün oder weißlich bereift.
Blüten: Einhäusig, männlich sehr zahlreiche gelbe Kätzchen, weiblich grünliche Zapfen, aufrecht, endständig.
Früchte: Zapfen. Hängend, zimtbraun, als Ganzes abfallend. Deckschuppen dreispitzig und die Fruchtschuppen weit überragend.
Zweige: Äste quirlig, mager, abstehend, etwas hängend. Die Rinde ist mit zahlreichen Harzbeuteln versehen. Stamm und stärkere Äste in der Jugend glatt, olivgrün, später dicke dunkle, tiefrissige Borke.
Baum. Bis 100 m hoch und 4 m dick. Krone kegelförmig.

Douglas-Tanne

Helmlockstanne, Schierlingstanne *Tsuga canadensis* Kieferngewächse *Pinaceae*
Blätter: Nadelförmig, flach, 10-15 mm lang, 1,5-2 mm breit, stumpf. Nadeln oberseits glänzend dunkelgrün, unterseits matt, mit bläulich weißen Längsstreifen, gekielt.
Blüten: Klein, unscheinbar, Mai.
Früchte: Zapfen, hängend, hellbraun, 1,5-2,5 cm lang, als Ganzes abfallend, Zapfenschuppen nicht von besonderen Deckblättern überragt.
Zweige: Junge Triebe dicht zottig, Gipfeltriebe bogig überhängend.
Baum. Höhe über 30 m, Krone breit, stark verästelt. Heimat Nordamerika. Immergrün. Wälder, Parks, Gärten.

Nadelhölzer, Strauch oder Baum

Atlas-Zeder

Sadebaum *Juniperus sabina* Zypressengewächse *Cupressaceae*
Blätter: Teils nadelförmig, teils schuppenförmig, erstere zu 3-4 quirlständig, letztere paarweise kreuzständig, 3 mm lang, stumpf, dicht dachziegelartig. Nadeln unterseits mit lang verlaufendem Ölgang.
Blüten: Zweihäusig, unscheinbar; weibliche Blüten an den Enden der Zweige. April, Mai.
Früchte: Beerenzapfen, an kurzen, gekrümmten Stielen hängend, schwarz, blau bereift, giftig!
Zweige: Zerrieben unangenehm riechend. Rinde bräunlich-rötlichgrau, Stamm niederliegend rissig, mit aufsteigenden Ästen.
Strauch oder Baum. Höhe 1,5-3 m. An trockenen, steinigen, felsigen Orten im Gebirge, in den Alpen.

Heide-Wacholder, Gemeiner Wacholder, Machandel *Juniperus communis* Zypressengewächse *Cupressaceae*
Blätter: Nadelförmig, zu dritt quirlig, gerade, abstehend, linealisch-pfriemlich. 5-20 mm lang, oberseits in der Rinne bläulichweiß, Pflanze in allen Teilen aromatisch duftend. Nadeln stumpf gekielt, stehend.
Blüten: Männliche eiförmig, gelb, kätzchenförmig, in den Achseln vorjähriger Nadeln stehend, weibliche als kleine grüne Zapfen.
Früchte: Beerenzapfen. Aufrecht, kugelig-eiförmig, im 2. Jahr reifend, erst grün, dann schwarz, blau bereift.
Zweige: Jüngere Triebe rotbraun. Die Rinde an älteren Ästen und am Stamm graubraun und rissig und oft tiefgefurchte Borke.
Strauch, seltener baumartig, Höhe 1-10 m. Buschiger Wuchs, steif säulenförmig. Sehr genügsam, liebt trockene und sonnige Standorte. In lichten Nadelwäldern, Heiden.

Atlas-Zeder *Cedrus atlantica* Kieferngewächse *Pinaceae*
Blätter: Nadelförmig, grün, blaugrün oder silbergrau, bis 3,5 cm. Rindenstielchen, wie bei der Lärche viele in Büscheln sitzend.
Blüten: Klein, unscheinbar, in aufrechten Zapfen. Mai, Juni.
Früchte: Zapfen. Zuerst hellgrün, bei und nach der Reife hellbraun bis dunkelbraun, an der Spitze sind die Zapfen abgestumpft oder leicht eingedrückt. Die Schuppen sind behaart, dick, holzig.
Zweige: Meistens schräg aufwärts gerichtet, aber auch hängend. Rinde braun bis graubraun.
Baum. Höhe bis 40 m, mit wuchtiger, kegelförmiger Krone und aufrechtem Wipfel. Immergrün. Heimat Nordafrika. Gärten und Parks. Bevorzugt mildes Klima und humose Böden.

Eibe

Eibe *Taxus baccata* Eibengewächse *Taxaceae*
Blätter: Nadelförmig, einzeln stehend, flach 2-3 cm lang, am unteren Ende gedreht. Oberseits glänzend, dunkelgrün, unterseits mattgrün, mit feinem Kiel, weich. Sehr giftig!
Blüten: Männliche gelblich an schuppigen, kugeligen Kätzchen. Weibliche klein, grün, an der Zweigunterseite. März bis Mai.
Früchte: Rote Scheinbeeren, becherartig, fleischig, in denen je ein braunes, eiförmiges, hartschaliges Samennüßchen sitzt. Nicht genießbar. Samen sehr giftig.
Zweige: Etwas hängend. Einjährige Triebe grün. Rinde bei älteren Ästen und am Stamm rotbraun, später graubraune Borke, die sich in Platten ablöst.
Baum, oft auch strauchartig, Höhe 3-13 m. In Wäldern, besonders im Gebirge, in den Alpen bis 1200 m.

Nadelhölzer, Strauch oder Baum

Kiefer

Kiefer, Waldkiefer, Föhre, Forche *Pinus silvestris* Kieferngewächse *Pinaceae*
Blätter: Nadelförmig, büschelig, je zu zweit in gemeinsamer Scheide, dünn, steif, dunkelgrün, die flache Innenseite graugrün.
Blüten: Männliche als eiförmiges Kätzchen, gelb, an der Basis einjähriger Langtriebe. Weibliche rötliche Zäpfchen.
Früchte: Zapfen. Klein, eiförmig, 1,5-4 cm lang, aufrecht, zuerst grün, bei Reife graubraun als Ganzes abfallend. Same länglich-eiförmig, schwärzlich oder gelblich, vom Flügel zangenartig umfaßt.
Zweige: Graugelb, glatt, bei älteren Ästen und am Stamm später gelbrot, in dünnen Streifen und Fetzen abschilfernd.
Baum, Höhe 18-40 m. Krone anfangs kegelförmig.

Weymouths-Kiefer, Seidenkiefer, Strobe *Pinus strobus* Kieferngewächse *Pinaceae*
Blätter: Nadelförmig, zu fünft im Kurztrieb, dünn, weich, bis 10 cm lang, lockerstehend, hellgrün, dreikantig, die inneren Flächen mit bläulich-weißen Längsstreifen.
Blüten: Männliche Kätzchen blaßgelb, weiblich als bläulichgrüne, gestielte, schlank-walzenförmige Zäpfchen.
Früchte: Zapfen. Hängend, kurz gestielt. 12-15 cm.
Zweige: Zuerst grün, später braun, in regelmäßigen Quirlen stehend. Rinde am Stamm schwärzlichgrau, glatt. Bei alten Bäumen längsrissige, graue Borke.
Baum. Höhe bis 20 m. Kegelförmige, lichte Krone.

Bergkiefer, Latsche, Spirke *Pinus mugo* Kieferngewächse *Pinaceae*
Blätter: Nadelförmig, zu zweit an den Kurztrieben, in schwärzlichen Scheiden, 2-5 cm lang, dichtstehend, dem Zweig zugekrümmt. Hell oder dunkelgrün.
Blüten: Blütenbau und Blütenstellung ähnlich wie bei der Gemeinen Kiefer, die Blüten sind jedoch größer. Männliche Blüten rötlichgelb, weibliche Blüten zahlreicher, violett.
Früchte: Zapfen 2-5 cm lang, fast sitzend, waagerecht oder schief abstehend. Zuerst grün, bei der Reife braun bis dunkelrotbraun.
Zweige: Meist in regelmäßigen Quirlen stehend, stark gekrümmt und gebogen. Rinde dunkel, an den Ästen nicht abschilfernd. Borke bis in die Krone schwarzgrau.
Baum. Höhe bis 25 m. Teils aufrechter Wuchs (Hakenkiefer, Spirke), teils dem Boden anliegend, niedrig und gekrümmt wachsend (Latsche).

Schwarzkiefer

Schwarzkiefer, Schwarzföhre *Pinus nigra* Kieferngewächse *Pinaceae*
Blätter: Nadelförmig, an kurzen Trieben, bis 15 cm lang, 15 mm breit, starr, stehend, stachelspitzig, schwarzgrün bis dunkelgrün.
Blüten: Goldgelb. Blütenbau und Blütenstellung wie bei der Gemeinen Kiefer. Die männlichen Blüten sind auffallender, jedoch weniger zahlreich. Die weiblichen Blüten sind größer und rot.
Früchte: Zapfen. Breit-kegelförmig, fast sitzend, meist waagerecht abstehend, glänzend gelbbraun.
Zweige: Bräunlich bis grünlichbraun. Triebe sehr kurz. Rinde anfangs grünlichbraun und glatt, später schwarzgrau und tiefrissig.
Baum. Höhe 20-40 m. Zuerst kegelförmige, später schirmförmige Krone. In Wäldern angepflanzt, in den Ostalpen heimisch.

Stechfichte

Fichte, Rottanne *Picea abies* Kieferngewächse *Pinaceae*
Blätter: Nadelförmig, einzeln, rundumstehend, vierkantig stachelspitz, bis 2 cm lang, auf einem bräunlichen Rindenstielchen aufsitzend, glänzend grün.
Blüten: Einhäusig, männliche Kätzchen zuerst rötlich, erdbeerähnlich, später gelb. Weibliche zapfenartig, karminrot, an den Spitzen der Triebe, aufrecht sitzend.
Früchte: Zapfen. Meist braun, selten grün, hängend, nach dem Ausfliegen der Samen als Ganzes abfallend. Zapfenschuppen am oberen Rand gezähnelt, Zapfen walzlich, 10-16 cm lang, 3-4 cm dick.
Zweige: Rinde anfangs glatt, rötlichbraun, später am Stamm und starken Ästen graubraune, in runden Schuppen abblätternde Borke. Baum, Höhe bis 60 m. Krone pyramidenförmig. In Hochebenen und im Gebirge, in den Alpen bis 2000 m Höhe. Immergrün.

Stechfichte, Blautanne *Picea pungens* Kieferngewächse *Pinaceae*
Blätter: Nadelförmig, 2-3 cm lang, starr und scharf stechend. Ihre Farbe variiert zwischen dunkelgrün, blaugrün bis silberweiß.
Blüten: Die männlichen Blüten sind rotgelb, die weiblichen dagegen blaßgrün gefärbt. Die Stechfichte blüht von Mai bis Juni.
Früchte: Zapfen, hängend. Sie sind 8-10 cm lang, 3 cm dick.
Zweige: Gelbbraun bis braun, junge Triebe sind kahl. Die Knospen sind gelbbraun bis braun und kegelförmig oder rundlich.
Baum. Höhe bis 50 m. Heimat Nordamerika. Eine Form mit blaugrünen Nadeln wird als Blautanne in Gärten, Parks und auch im Walde angepflanzt.

Serbische Fichte *Picea omorika* Kieferngewächse *Pinaceae*
Blätter: Nadelförmig, meist zweireihig, 10-15 mm lang, 1,5-2 mm breit, stumpfspitzig. Oberseits dunkelgrün, schwach glänzend, unterseits blauweiß, silbrig schimmernd. Nadeln leicht nach unten gekrümmt, immergrün.
Blüten: Ähnlich denen der Stechfichte, männliche Blüten intensiver rot.
Früchte: Walzenförmig, leicht zugespitzt, dunkelbraun bis rotbraun, 4-6 cm lang, oft in mehreren Zapfen beieinanderstehend, erscheinen schon nach einigen Standjahren. Oft am Zapfengrund behaart.
Zweige: Junge Zweige hellbraun, später dunkelbraun bis graubraun. Baum. Höhe bis 30 m. Mit säbelförmig hängenden Ästen. Heimat Serbien. Bei uns oft angepflanzt in Gärten und Parks.

Lärche

Lärche, Europäische Lärche *Larix decidua* Kieferngewächse *Pinaceae*
Blätter: Nadelförmig, in wechselständigen Büscheln, sitzend in becherartiger Scheide, 1-3 cm lang, an Sommertrieben einzeln stehend. Nadeln hellgrün, weich, im Herbst abfallend. Goldgelbe Herbstfärbung.
Blüten: Männliche Blüten einzeln, gelb, weiblich aufrechte, purpurrote Zapfen, am Grunde von einem Nadelkranz umgeben.
Früchte: Zapfen, klein eiförmig, aufgerichtet, hellbraun, später grau.
Zweige: Abstehend flach. Langtriebe rutenförmig hängend, Kurztriebe knollig. Rinde am Stamm und alten Ästen anfangs gelbbraun, später grau und rissig werdend.
Baum. Höhe bis 35 m. Stumpf-kegelförmige Krone. Bevorzugt lockere, kräftige Böden und lichtreiche Standorte. Häufig im Hügelland.

Verzeichnis der wissenschaftlichen Namen

Abies alba 60
Abies nordmanniana 60
Acer campestre 24
Acer negundo 22
Acer platanoides 10, 24
Acer pseudoplatanus 24
Aesculus hippocastanum 24
Alnus glutinosa 10, 48
Alnus incana 48
Alnus viridis 48

Berberis vulgaris 32
Betula pendula 12, 48
Buxus sempervirens 38

Calluna vulgaris 42
Carpinus betulus 50
Castanea sativa 50
Cedrus atlantica 62
Clematis vitalba 16, 58
Colutea arborescens 22
Cornus mas 34
Cornus sanguinea
Corylus avellana 8, 52
Corylus colurna 52
Crataegus monogyna 28
Crataegus oxyacantha 28
Cytisus scoparius 14, 38

Daphne mezereum 12, 32

Euonymus europaeus 38

Fagus silvatica 44
Fagus silvatica purpurea 44
Fraxinus excelsior 18

Genista anglica 42
Genista tinctoria 42
Gleditsia triacanthos 22

Hedera helix 58
Hippophaë rhamnoides 32

Ilex aquifolium 42

Juglans regia 18
Juniperus communis 62
Juniperus sabina 62

Laburnum anagyroides 38
Larix decidua 66
Ligustrum vulgare 36
Lonicera periclymenum 58
Lonicera xylosteum 36

Picea abies 66
Picea omorika 66
Picea pungens 66
Pinus mugo 64
Pinus nigra 64
Pinus silvestris 64
Pinus strobus 64
Platanus acerifolia 28
Populus alba 46
Populus canadensis 46
Populus canescens 10
Populus nigra 46
Populus tremula 46
Prunus avium 14, 40
Prunus mahaleb 40
Prunus padus 14, 40
Prunus serotina 40
Prunus spinosa 12, 54
Pseudotsuga taxifolia 60
Pyrus communis 54

Quercus borealis 30
Quercus petraea 30
Quercus robur 30

Rhamnus cathartica 54
Rhamnus frangula 36
Ribes nigrum 26
Ribes rubrum 26
Ribes uva-crispa 32
Robinia pseudacacia 16, 20
Rosa canina 16, 22
Rubus fructicosus 26
Rubus idaeus 26

Salix alba 56
Salix amygdalina 54
Salix babylonica 12, 56
Salix caprea 8, 56
Salix incana 56
Sambucus ebulus 20
Sambucus nigra 16, 20
Sambucus racemosa 20
Solanum dulcamara 58
Sorbus aucuparia 18
Sorbus domestica 18
Symphoricarpus albus 34
Syringa vulgaris 14, 34

Taxus baccata 62
Tilia cordata 52
Tilia platyphyllos 52
Tsuga canadensis 60

Ulmus carpinifolia 50
Ulmus glabra 50

Vaccinium myrtillus 44
Vaccinium vitis idaea 44
Viburnum opulus 28
Viburnum rhytidophyllum 36

Verzeichnis der deutschen Namen

Ahlbeere 26
Ahlkirsche 14, 40
Ahornblättrige Platane 28
Akazie, Falsche 16, 20
Aspe 46
Atlas-Zeder 62
Attich 20

Baum-Hasel 52
Berberitze 32
Bergahorn 24
Bergerle 48
Bergkiefer 64
Bergrüster 50
Bergulme 50
Besenginster 14, 38
Besenheide 42
Bickbeere 44
Bittersüß 58
Blasenstrauch 22
Blaubeere 44
Blautanne 66
Blutbuche 44
Bohnenbaum 38
Brombeere 26
Buchs 38
Buchsbaum 38

Christusdorn 22

Dirlitze 10, 34
Dreidornige Gleditschie 22
Douglas-Fichte 60
Douglas-Tanne 60

Eberesche, Gemeine 18
Echte Waldrebe 16, 58
Edelkastanie 50
Edeltanne 60
Efeu 58
Eibe 62
Eingriffeliger Weißdorn 28
Englischer Ginster 42
Esche, Gemeine 18
Eschenahorn 22
Espe 46
Eßkastanie 50
Europäische Lärche 66

Färber-Ginster 42
Falsche Akazie 16, 20
Faulbaum 36
Feldahorn 24
Feldrüster 50
Feldulme 50
Felsenkirsche 40
Fichte 66
Fichte, Douglas- 60
Fichte, Serbische 66
Flieder 14, 34
Föhre 64
Forche 64

Geißblatt 36
Geißblatt, Wald- 58
Gelber Hartriegel 10, 34
Gemeine Eberesche 18
Gemeine Esche 18
Gemeine Robinie 16, 20
Gemeine Waldrebe 16, 58
Gemeiner Flieder 14, 34
Gemeiner Wacholder 62
Gemeiner Weißdorn 28
Ginster, Englischer 42
Ginster, Färber- 42
Gleditschie, Dreidornige 22
Goldregen 38
Grantl 44
Grauerle 48
Graupappel 10
Grünerle 48

Hängebirke 12, 48
Hagebuche 50
Hainbuche 50
Hartriegel 34
Hartriegel, Gelber 10, 34
Hasel 8, 52
Hasel, Baum- 52
Haselnuß 8, 52
Heckenkirsche 36
Heckenrose 16, 22
Heidekraut 42
Heidelbeere 44
Heide-Wacholder 62
Helmlockstanne 60
Herlitze 10, 34
Himbeere 26
Hirschholunder 20
Holler 16, 20
Holunder, Roter 20
Holunder, Schwarzer 16, 20
Holzbirne 54
Hornstrauch, Roter 34
Hülse 42
Hundsrose 16, 22

Johannisbeere, Rote 26
Johannisbeere, Schwarze 26

Kanada-Pappel 46
Kellerhals 12, 32
Kiefer 64
Kiefer, Weymouths- 64
Kornelkirsche 10, 34
Kreuzdorn 54
Kronsbeere 44

Lärche 66
Lärche, Europäische 66
Latsche 64
Liguster 36

Machandel 62
Mandelweide 54
Maßholder 24

Nachtschatten 58
Nordmannstanne 60

Palmweide 8, 56
Pappel, Kanada- 46
Pfaffenhütchen 38
Platane, Ahornblättrige 28
Preiselbeere 44
Pulverholz 36

Rainweide 36
Ribisel 26
Robinie, Gemeine 16, 20
Roßkastanie 24
Rotbuche 44
Roteiche 30
Rote Johannisbeere 26
Roter Holunder 20
Roter Hornstrauch 34
Roterle 10, 48
Rottanne 66

Sadebaum 62
Salweide 8, 56
Sanddorn 32
Sauerdorn 32
Schierlings-Tanne 60
Schlehdorn 12, 54
Schlehe 12, 54
Schmerbirne 18
Schneeball 28
Schneeball, Wolliger 36
Schneebeere 34
Schwarzdorn 12, 54
Schwarze Johannisbeere 26
Schwarzer Holunder 16, 20
Schwarzerle 10, 48
Schwarzföhre 64
Schwarzkiefer 64
Schwarzpappel 46
Seedorn 32
Seidelbast 12, 32
Seidenkiefer 64
Serbische Fichte 66
Silberpappel 46
Silberweide 56
Sommereiche 30
Sommerlinde 52
Spätblühende Traubenkirsche 40
Speierling 18
Sperberbaum 18
Spindelstrauch 38
Spirke 64
Spitzahorn 10, 24
Stachelbeere 32
Stechfichte 66
Stechpalme 42
Steinweichsel 40
Stieleiche 30
Strobe 64
Süßkirsche 14, 40

Tanne 60
Tanne, Douglas- 60
Tanne, Schierlings- 60
Traubenahorn 24
Traubeneiche 30
Traubenholunder 20
Traubenkirsche 14, 40
Traubenkirsche, Spätblühende 40
Trauerweide 12, 56

Uferweide 56

Vogelbeere 18
Vogelkirsche 14, 40

Wacholder, Gemeiner 62
Wacholder, Heide- 62
Wald-Geißblatt 58
Waldkiefer 64
Waldrebe, Echte 16, 58
Waldrebe, Gemeine 16, 58
Walnußbaum 18
Weichselkirsche 40
Weißbirke 12, 48
Weißbuche 50
Weißdorn, Eingriffeliger 28
Weißdorn, Gemeiner 28
Weißdorn, Zweigriffeliger 28
Weißerle 48
Weißpappel 46
Weißtanne 60
Weißweide 56
Welschnuß 18
Weymouths-Kiefer 64
Wildbirne 54
Wintereiche 30
Winterlinde 52
Wolliger Schneeball 36

Zeder, Atlas- 62
Zitterpappel 46
Zweigriffeliger Weißdorn 28
Zwergholunder 20

Bunte Kosmos-Taschenführer

BUNTE KOSMOS TASCHEN FÜHRER

Die preiswerten Bände sind Vorstufe und Ergänzung zu den millionenfach bewährten Kosmos-Naturführern.
Bunte Kosmos-Taschenführer verzichten bewußt auf einen umfangreichen Textteil. Sie zeigen in ausgesucht schönen und typischen Farbfotos Pflanzen, Tiere, Gesteine, deren Formen und Farben begeistern.

Folgende Bände sind zur Zeit lieferbar:

Heil- und Giftpflanzen
Bunte Welt der Alpenblumen
Hier find ich Deutschlands schönste Pflanzen
Das blüht an allen Wegen
Bunte Welt der Gartenblumen
Bunte Welt der schönen Rosen
Bunte Welt der Zimmerblumen
Bunte Welt der Orchideen
Exotische Orchideen
Pilze in Wald und Flur
Pilze, die nicht jeder kennt
Bunte Welt der Insekten
Wunderwelt der Schmetterlinge
Bunte Welt der schönen Steine
Bunte Welt im Zoo
Bunte Welt der Tiere
Bunte Welt der Vögel
Bunte Welt der Stubenvögel
Die Natur im Jahreslauf
Seen, Moore, Wasserläufe
Wald und Forst
Die Schwäbische Alb in Farbe
Der Schwarzwald in Farbe
Bunte Welt im Terrarium
Fische fürs Gesellschaftsbecken
Pflanzen als Aquarienschmuck
Korallenfische im Aquarium

Die Bücher erhalten Sie in allen Buchhandlungen!

Die Prospekt P 018 beschreibt sämtliche Titel der Bunten KOSMOS-Taschenführer ausführlich. Sie erhalten den Prospekt kostenlos und unverbindlich vom

Kosmos-Verlag, Franckh'sche Verlagshandlung
7 Stuttgart 1, Postfach 640